赵其国 等著

盐土农业

 南京大学出版社

图书在版编目(CIP)数据

盐土农业 / 赵其国等著. — 南京：南京大学出版
社，2019.12
ISBN 978 - 7 - 305 - 22759 - 2

Ⅰ. ①盐… Ⅱ. ①赵… Ⅲ. ①盐碱土改良－研究－中
国 Ⅳ. ①S156.4

中国版本图书馆 CIP 数据核字(2019)第 273990 号

出版发行　南京大学出版社
社　　　址　南京市汉口路 22 号　　　　邮　编　210093
出 版 人　金鑫荣
书　　名　**盐土农业**
著　者　赵其国　等
责任编辑　杨　博　吴　汀　　　　编辑热线　025 - 83595840
照　　排　南京南琳图文制作有限公司
印　　刷　南京凯德印刷有限公司
开　　本　787×960　1/16　印张 15.75　字数 333 千
版　　次　2019 年 12 月第 1 版　2019 年 12 月第 1 次印刷
ISBN 978 - 7 - 305 - 22759 - 2
审 图 号　GS(2020)1436 号
定　　价　98.00 元

网址：http://www.njupco.com
官方微博：http://weibo.com/njupco
官方微信号：njupress
销售咨询热线：(025) 83594756

编辑委员会名单

序

保障我国 18 亿亩耕地和粮食安全的土壤（耕地）资源的要求刻不容缓。我在江苏省南通市向时任总理温家宝汇报江苏沿海滩涂资源开发问题时曾提出，当前保障我国耕地面积面临的形势有三难，即耕地资源的扩量难、耕地资源的提质难、耕地资源的增效难。因而，在此情况下要保证粮食产量的持续增长，其战略方针应该是耕地资源的"扩量、提质、增效"六字方针，只有这样，最后才能达到粮食的稳产、增产。

针对盐碱地区域稳产高产的目的，早在 20 世纪 50 年代，熊毅院士等老一辈科学家就领导南京土壤研究所科研人员开展野外调查，考察了我国黄河流域盐土区，用"井灌沟排"打五眼"梅花井"等改良盐碱地的方法，并大范围推广用科技手段改良黄淮海大量盐碱地。1985 年黄淮海大会战，开展 8 县 13 万亩盐碱地风沙治理，十几家单位一千多人参加国家科技攻关项目"黄淮海平原豫北地区中低产田综合治理开发研究"，我带着南京土壤研究所几十位科技人员，搬到河南封丘办公，解决了豫北地区中低产田盐碱化问题，使得其产量大幅提升。

1986 年国际土壤学大会，我被任命为国际土壤学会盐渍土分会主席，并主编了《黄淮海平原土壤肥料研究论文集》《豫北淮北苏北地区农业综合开发文集》《中国土壤资源》等三部著作，研究项目"黄淮海平原以微量元素为中心的节肥配套技术及示范推广"获得了中国科学院科技进步三等奖，几十年来一直关心盐碱土开发工作。2014 年，国家发改委联合科技部、农业部等 10 部委共同颁布实施了《关于加强盐碱地治理的指导意见》；2015 年中央"一号文件"第一条第一点重点指出要"实施粮食丰产科技工程和盐碱地改造科技示范"；2015 年"土十条"也明确提出推动盐碱地土壤改良；自 2017 年起，在新疆生产建设兵团等地开展脱硫石膏改良盐碱地试点。

此书在我国土壤资料利用和盐碱地改良利用相关法律法规的指导意见下，主要总结近十几年来我国盐土及滩涂农业改良范例，归纳概括改造沿海滩涂、东北、西北等不同盐碱类型土地的盐碱特点及改造利用思路，重点介绍了碱蓬、菊芋、藜麦、海滨锦葵、压砂西瓜、枸杞、盐碱地牧业、海水稻等不同盐土特色农业种植利用模式的理论体系和技术体系，为我国从事盐碱地改良利用的科研工作者及农业从业者提供切实有效的建议。

谨以此书献给新中国成立 70 周年，也为纪念熊毅院士等老一辈科学家为祖国建设的无私奉献精神。

由于时间紧迫，有不到之处，敬请谅解！

赵其国

2019 年 8 月 1 日

目　录

第 1 章
我国土壤科学面临的问题及保护战略

1.1　当前我国土壤科学面临的问题

《中华人民共和国环境保护法》第三十三条指出:各级人民政府应当加强对农业环境的保护,促进农业环境保护新技术的使用,防治土壤污染和土地沙化、盐渍化、贫瘠化、石漠化。

2015 年 7 月 1 日,全国人民代表大会常务委员会第十五次会议通过新的国家安全法第三十条:国家完善生态环境保护制度体系,加大生态建设和环境保护力度,划定生态保护红线,强化生态风险的预警和防控,妥善处置突发环境事件,保障人民赖以生存发展的大气、水、土壤等自然环境和条件不受威胁和破坏,促进人与自然和谐发展。

1.1.1　土壤资源减失,土壤退化加速

1. 耕地损失较大,逐年减少

全国耕地面积已从 1996 年的 1.3×10^6 km² 减少到 2004 年的 1.224×10^6 km²,8 年间共减少 7.6×10^4 km²,减幅达 5.8%,不断逼近 18 亿亩(约 1.2×10^6 km²)国家粮食安全"红线"的边缘。大部分耕地后备资源的质量很差,地力也随即不断减退,粮食生产徘徊不前(蓝颖春,2015)。

2. 土壤退化

全国水土流失面积达 3.56×10^6 km²,占国土面积 37%;年平均土壤侵蚀量高达 4.5×10^9 t,丧失的肥力高出全国化肥的产量;我国石漠化土地总面积为 1.296×10^5 km²;盐碱化可利用土地面积为 5.5 亿亩;土壤酸化面积占国土面积的 40% 以上,尤以南方为重。

建设占用

生态退耕

农业结构调整

自然灾害

我国耕地面临的主要问题

1.1.2 土壤肥力失衡,耕地需加培育

现状(徐明岗、张文菊、黄绍敏,2015):

① 我国耕地土壤化肥中氮、磷、钾的投入比例为 1∶0.41∶0.27,与合理施肥水平有明显差距。

② 肥料利用率:氮肥 30%～35%,磷肥 10%～20%。

③ 有机肥未能充分利用,盐碱地区大量盐碱进入土壤影响环境。

制约因素:

① 氮素在土壤中易于损失。

② 磷肥固定强烈。

③ 有机无机肥料配比不调,未能平衡施用。

④ 优化施肥方法也不能适应发展需要。

采取措施:

① 研究土壤肥料养分持续高效利用。

② 提高肥料利用率。

③ 防治盐碱,合理平衡施肥。

最终目标:

① 加强耕地肥力培育,防治盐碱。

② 提高农业全面增产。

1.1.3　土壤污染加速,区域污染突显

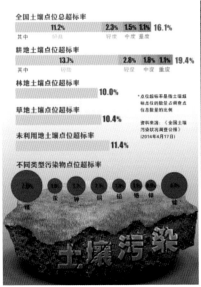

◇南方土壤污染重于北方

◇长江三角洲、珠江三角洲、东北老工业基地等地土壤污染问题较为突出

◇西南、中南地区土壤重金属超标范围较大

我国土壤环境安全存在的问题及污染区分布情况

1.2　我国土壤存在问题的破解关键

1.2.1　科技支撑薄弱,亟须技术创新

① 我国在土壤污染控制和受污染土壤,包括盐碱地段土壤修复的技术、材料、工艺和设备等方面的研发工作均起步较晚,基础研究薄弱,尤其在许多关键技术方面仍为空白。

② 当前亟须针对农田、矿区土壤污染和工业污染场地土壤等修复,开展具有自主知识产权的修复技术创新,形成可供选择的系统性修复技术、设备及管理体系。

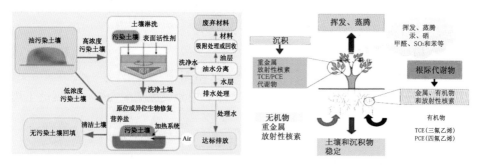

土壤污染治理的技术流程

1.2.2　保护意识薄弱,法规有待健全

① 我国对土壤资源、土壤质量、土壤功能及土壤的社会价值认识尚嫌不足,缺乏倡导公众自觉、积极保护土壤的意识。

② 虽已颁布了《中华人民共和国环境保护法》,但在土壤环境质量基准及标准制定方面尚缺乏明确的规定与界限。

③ "土壤十条"虽已经正式出台了,但有关法规,如盐碱地建设及资源化、产业化政策法规等尚有待健全完善。

中国环保标志及环保法

1.3　中国土壤保护的宏观战略

1.3.1　指导思想

① 在建设创新型国家,实现中华民族伟大复兴的中国梦的精神指导下,以

"人地和谐,地力常新,安全健康,永续利用"为土壤保护的出发点,以流域性、区域性、城乡工矿区土壤障碍及污染问题综合防治为重点。

② 构建具有我国特色的土-水-气-生-人一体化的土壤圈研究体系,建立适合国情的融预防-控制-修复-监管为一体的土壤圈管理体系。

③ 通过全面实施土壤保护战略,稳固维系中华民族繁荣与文明发展的土壤资源数量和质量的根基,保障国家食品安全、环境安全、生态安全和国民健康,促进全面小康和生态文明社会的全面建设。

1.3.2　战略方针

面对现阶段和未来相当长一段时期显现或潜在的土壤资源退化和土壤环境污染问题,应加强土壤资源保护与社会经济建设,促进土壤肥力维护与农业持续发展,加强土壤生态建设与生物多样性保护以及土壤污染治理与人居环境安全保障,正确看待土壤合理利用与全球变化影响,中央、地方政府服务土壤保护,加大社会各方资源投入。同时应坚持土壤利用与土壤保护同步,土壤数量与土壤质量并重,综合治理与土壤分区分类保护并举。依靠科技进步,强化土壤环境保护法治,提高社会公众的土壤保护意识,长期不懈地努力建设具有中国特色的土壤安全保护体系。

1.3.3　总体战略目标(阶段性战略目标)

以维护土壤生态功能,改善土壤环境质量,保障农业生产、食物安全和人体健康为目标(赵其国、段增强,2013),查明全国土壤资源数量和质量状况,提高土壤肥力和净化功能,有效避免、遏制或消除土壤资源退化,包括盐碱地整治和土壤环境污染。

积极推进土壤科技创新,发展土壤圈层理论和新兴研究方法,建立土壤退化和土壤污染,包括盐碱次生影响的预防控制修复技术应用体系,创新现代土壤科学,促进土壤科技进步和专业队伍建设。

不断完善中国土壤保护法制、体制和机制,提升土壤质量监管能力,逐步健全国家土壤保护体系。

基于以上三方面,创建"我国土壤安全工程体系"。

确保土壤与"地球及生命"休戚相关的重要基石

→ 保护土壤安全的屏障

→ 保护生态环境安全、民生安全、整个国家及民族安全的坚实基础

土壤安全工程

1.4 构建土壤安全工程的途径

1.4.1 从土壤本身所具有的功能创建"土壤安全工程"

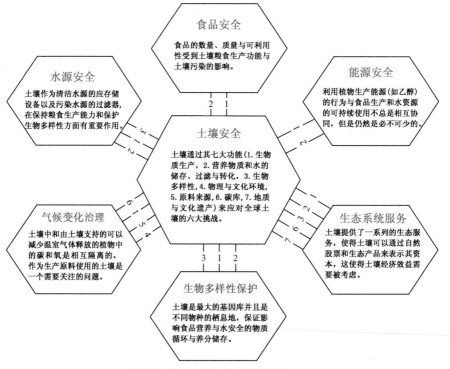

食品安全
食品的数量、质量与可利用性受到土壤粮食生产功能与土壤污染的影响。

水源安全
土壤作为清洁水源的应存储设备以及污染水源的过滤器，在保持粮食生产能力和保护生物多样性方面有重要作用。

能源安全
利用植物生产能源（如乙醇）的行为与食品生产和水资源的可持续使用不总是相互协同，但是仍然是必不可少的。

土壤安全
土壤通过其七大功能（1.生物质生产，2.营养物质和水的储存、过滤与转化，3.生物多样性，4.物理与文化环境，5.原料来源，6.碳库，7.地质与文化遗产）来应对全球土壤的六大挑战。

气候变化治理
土壤中和由土壤支持的可以减少温室气体释放的植物中的碳和氧是相互隔离的。作为生产原料使用的土壤是一个需要关注的问题。

生态系统服务
土壤提供了一系列的生态服务，使得土壤可以通过自然股票和生态产品来表示其资本，这使得土壤经济效益需要被考虑。

生物多样性保护
土壤是最大的基因库并且是不同物种的栖息地，保证影响食品营养与水安全的物质循环与养分储存。

土壤安全工程对生态环境保护的意义

1.4.2　从土壤环境综合治理的角度创建"土壤安全工程"

① 土壤污染的产生与发展受土壤圈层关系的制约,因此必须从圈层中水、土、气、生因素界面对土壤污染的源与汇的关系进行梳理。生态安全(生态建设-环境保护)示意图如下图所示。

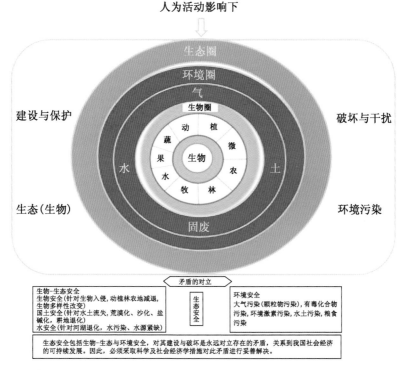

② 土壤污染治理的核心是解决"污土"与"净土"的矛盾,因此必须针对"蓝天、碧水、净土、洁食"进行综合治理,才能取得环境治理的实际效益。

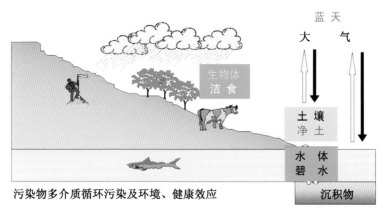

污染物多介质循环污染及环境、健康效应

1.4.3 阶段性战略目标

近期(到 2020 年):建立和健全我国土壤保护法制、体制和机制,初步建立国家土壤保护体系,实现土壤资源数量和质量的有效监管;进一步摸清全国土壤资源数量和质量状况,提升土壤保护科技研究水平;使土壤污染退化趋势总体得到有效遏制,对食物安全、饮用水资源和人群健康构成重大隐患的土壤污染区得到有效治理,生态环境脆弱区和农业主产区的土壤保护取得阶段性成效。

中期(到 2030 年):进一步完善国家土壤保护体系,健全土壤保护监管体系,全面提升国家土壤科技研究和教育水平;基本遏制区域土壤资源退化和环境污染趋势,修复具有不可接受高风险的土壤污染区,使全国土壤环境质量状况明显改善。

长期(到 2050 年):基本消除土壤污染区,总体稳定土壤退化区;全面改善土壤生态功能和土壤环境质量;健全国家土壤保护体系与科学技术支撑体系;土壤资源持续利用和生态环境保护工作整体进入与国家社会经济发展水平相适应、符合生态文明要求的良性循环阶段。

1.5 战略任务

1.5.1 保护土壤资源,提高利用潜力

① 掌握我国土壤资源数量、质量动态变化状况和突出的环境问题;

② 建立全国土壤资源和土壤质量数据信息系统,实施生态环境脆弱区的土壤保护;

③ 加大区域水土流失、沙尘暴源头区和退化土壤的治理力度,使全国水土流失、草地退化、沙漠化、盐碱化和石漠化面积扩大趋势得到有效控制,退化区得到明显治理恢复;

④ 加强重要生态保护功能区(如水源涵养区、洪水调蓄区、防风固沙区、水土保持区及重要物种资源集中分布区等)和自然保护区的土壤保护和治理,使土壤环境质量满足保护生物和水质的标准。

1.5.2 加强耕地建设,促进"三农"发展

加强耕地数量与质量建设,加大对农业主产区基本农田的土壤保护力度,严守耕地基本红线,通过"强农业、富农民、美农村",促进"三农"发展。

加快转变农业发展方式,数量质量效益并重,注重提高竞争力、注重农业技术创新、注重可持续的集约利用,走产出高效、产品安全、资源节约、环境友好的现代农业发展道路。

要深化农村各项改革,完善强农惠农政策,完善农产品价格形成机制,完善农业补贴办法,强化金融服务。

要完善农村土地经营权流转政策,搞好土地承包经营权确权登记颁证工作,健全公开规范的土地流转市场。

要完善职业培训政策,提高培训质量,造就一支适应现代农业发展的高素质职业农民队伍。

1.5.3　保护生态安全,防治环境污染

严格控制大气酸沉降,有效防治土壤酸化过程;建立基于风险的土壤环境质量评估与管理体系;明确我国土壤环境质量现状、污染来源、污染途径与风险,有计划、分步骤地综合整治城乡土壤污染,有效修复和基本消除高风险的土壤污染区;保护农产品与食品安全,加强城乡人居环境安全与人体健康保护工作;构建基于风险的农田及场地土壤和地下水污染治理与修复关键技术及装备体系。

建立污染农田土壤修复工程,污染场地及其含水层的修复示范工程;实现全国土壤及其含水层的"综合防控、持续利用"目标;全面形成区域土壤和地下水污染控制、综合治理及成套修复技术与装备体系;重点区域农田土壤环境质量全面达到国家土壤环境质量标准,实现企业场地污染净化和功能恢复;建立国家土壤环境监测、预警与信息管理技术平台;提高城乡环境质量,保障土地和地下水资源可持续利用,实现"净土洁食安居"战略目标。

1.5.4　制定科技战略,突出环境管理

实施国家土壤环境科技创新、土壤环保标准体系建设和土壤环境技术管理体系建设等任务;开展基础理论、环境标准和高新技术推广应用研究,形成一套有机联系的土壤环境科技创新体系;加强长期、稳定的土壤科学研究和关键技术开发,针对性地研究全国性和区域性土壤保护科学问题,认识和掌握土壤障碍问题成因与质量演变规律;加强土壤资源数量和质量变化规律及其影响评价方法研究;建立国家土壤质量评价方法指标体系和监测网,实现土壤资源科学保护和信息化管理;建立和发展适合我国农业生产的耕地土壤质量分区管理系统,构建管理信息共享与成果转化技术平台,形成农村地区有效推广和运行的土壤肥力

质量培育创新机制,建立土壤质量基准和保护标准体系;在土壤环境监测、土壤退化以及土壤污染控制和修复、耕层土壤保护、土壤次生盐碱化防治和土壤肥力平衡等技术与设备方面,形成适合国情的自主创新研发体系。

1.5.5 健全完善法制,确保项目实施

建立和完善土壤保护法制、体制和机制,构建基于风险的我国土壤保护体系;研究并颁布土壤保护的国家法律和地方法规,制定相关政策,实施土壤环境质量标准战略;建立严格的土壤保护责任制度,经济补偿和投入机制,毁损和污染土壤的经济、刑事惩罚制度和行政问责制度等;建立生态补偿制度和管理机制;完善国家和地方土壤保护监管机构,建立有效的土壤监测网络;培育土壤保护的市场经济机制,加强土壤保护宣传教育,提高人民群众的土壤保护意识和生态文明程度。

1.5.6 突出区域特点,加强保护对策

针对自然生态环境及土壤的差异,需要制定针对性和区域差异性的土壤保护战略措施,划分为六个重点区域。

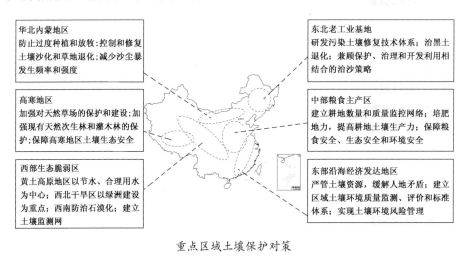

重点区域土壤保护对策

1.6 缓解我国耕地问题的战略方针

李克强总理强调要保住耕地红线,保障粮食安全,保护农民利益。耕地扩容

与提质是粮食安全、耕地红线和农产品供给的重要保障。开展我国盐碱地的高效治理、分类治理、农业高效利用、生态高值利用、盐土农业产业体系构建等工作,是我国土壤保护宏观战略中的一项重要战略任务,是增产保粮食安全、增地保耕地红线、增收保农产品供给等国家和社会需求的重要保障,是推进我国盐碱区土-水-生物资源农业综合开发和高效可持续利用的现实需求。

保障土壤安全的社会意义

　　保障我国 18 亿亩耕地和粮食安全的土壤(耕地)资源的要求刻不容缓。赵其国院士曾经在南通市向温家宝总理汇报江苏沿海滩涂资源开发问题时提出,当前保障我国耕地面积面临的形势有三难,即耕地资源的扩量难、耕地资源的提质难、耕地资源的增效难,因而,在此情况下要保证粮食产量的持续增长,其战略方针应该是耕地资源的"扩量、提质、增效"六字方针,只有这样,最后才能达到粮食的稳产、增产。

1. 耕地资源"扩量"的途径

通过土壤资源"替代"扩量

① 后备土地资源的开发——1.13 亿亩;

② 土地整理——0.4 亿亩;

③ 土地复垦——0.3 亿亩(共可扩 1 亿亩)。

通过土壤资源"改性"扩量

① 盐渍土改造——1.15 亿亩;

② 风沙干旱土壤改造——1.1 亿亩;

③ 侵蚀土壤改造——3 亿亩;

④ 酸化障碍土壤——0.4 亿亩(共可扩 1.5 亿亩)。

2. 耕地资源"提质"途径

一减:减少 30%～40% 中低产田。

一增:增加 10%～15% 水肥效率。

二减:减耗 10%～15% 水肥能耗。

二增:增加 10%～15% 复种指数。

3. 耕地资源"增效"

① 通过扩量提质工程,2010—2025 年,全国可增耕地 2.25 亿亩,即在现有

18 亿亩基础上,增至 20 亿～21 亿亩。

② 通过扩量提质工程,2021—2025 年,全国粮食产量可年增 0.5%～1%,即在现有 5.2 亿吨基础上,达 6 亿～6.5 亿吨。

4. 实施上述六字方针的举措

① 必须通过综合科技,创新研发。

② 必须将高新农业科技与工程技术相结合。

③ 必须统一领导、统筹组织、通力联合协作。

④ 在上述原则下,必须重新制订工程实施规划。

盐土利用改良,正是在这种思路与前提下的具体体现,这是我国社会经济形势发展的必然趋势。

开展滨海盐碱地农业高效利用与盐土农业技术模式是十分紧急和必要的。主要可以从以下四点实施:① 盐碱地农业高效利用;② 盐土农业技术模式与示范;③ 盐碱地农业利用潜力评估;④ 盐碱地可持续利用管理体系。

1.7　保障 18 亿亩耕地红线与粮食安全战略意义

1.7.1　我国的耕地资源状况及其利用现状

耕地面积:我国现有耕地总面积 18.257 4 亿亩,已逼近 18 亿亩的红线,人均耕地 1.4 亩,仅相当于世界人均耕地面积的 40%。

基本农田:在现有耕地资源中,基本农田比例达耕地总量 80% 以上,目前全国在册的基本农田 15.89 亿亩,其中耕地只有 15.36 亿亩。

耕地构成:我国现有耕地中旱地占的比重大,水田占的比重小。水田占耕地总面积的 23.11%,旱地占耕地总面积的 76.89%。在旱地中水浇地只占耕地总面积的 17.2%,而耕层浅薄、地力贫瘠、产量低下的坡耕地面积却占耕地总面积的 35.1%。

耕地等级:我国耕地利用程度高,目前垦殖率已达 13.7%,超过世界平均数3.5 个百分点。目前我国中低产田面积约占耕地面积的 70%,耕地土壤有机质含量平均仅为 1.8%,这些耕地产量只有高产田的 40%～60%,改善基本农田生产条件的空间很大。

耕地占用:四方面途径,一是生态退耕,二是建设用地,三是农业结构调整,四是灾毁耕地,分别占"十五"减少 1.13 亿亩耕地中的 70.9%、14.4%、11.4%、

3.3％。其中,生态退耕和农业结构调整是造成耕地减少的第一、第三位因素,但这两项事关生态保护和经济发展,核定适当的数量是必要的,而灾毁耕地是难以预料的。因此,问题集中在建设用地方面,其特点表现为城镇化和开发区的扩张迅速、农业好地占用严重(东部占地比西部严重、城郊占用比农村严重、平原占用比山丘严重、占高补低耕地隐性减少)、耕地退化吞噬加剧(水土流失、洪涝灾害、环境污染)。从耕地面积变化上看,净减少最快的一是广东、福建、上海、江苏、浙江、山东、天津、辽宁等沿海省市及北京;二是陕西、湖北、四川、湖南、山西等中部省份。

随着近年来国民经济快速发展、城镇化水平的提高和生态环境的退化,未来一段时间耕地数量减少和质量降低或呈不可逆转的趋势,这对保障18亿亩耕地战略的实现提出了挑战。同时,由于自然资源匮乏、生态系统退化、现有技术瓶颈以及人口环境压力等一系列因素,保持现有高产耕地质量、提升中低产耕地质量存在一定难度。此外,由于我国农业开发历史久,绝大部分平原、沿河阶地、盆地、坝地和平缓坡地等优质土壤资源早已垦种,新中国成立后又历经数次大规模开垦,宜农后备土壤资源所剩无几,依靠扩大耕地来增产增收已近极限。目前,我国开垦条件较好的宜农荒地仅2亿亩左右,全部开垦后也只能获得近1亿亩的净耕地面积,不足现有耕地总面积的6％,且这些宜农荒地主要是分散在边远的东北、内蒙古和西北的障碍土壤,投资过大,且必须要组织全国范围内人力、物力进行有计划开发。

1.7.2　耕地增量提质的双重途径

实现我国18亿亩耕地红线与粮食安全战略目标必须要从"增量""提质"两方面着手,两手都要抓、两手都要硬。增量即利用后备耕地资源开发、土地整理和土地复垦以增加耕地数量,提质即通过障碍土壤改造、质量定向培育和集约化利用以保持和提升耕地质量。

1. 耕地增量

主要通过后备耕地开垦、土地整理和土地复垦三方面途径增加我国耕地储备。

后备耕地开发:当前我国耕地后备资源总量为1.13亿亩,在31个省、区、市都有分布,但大部分位于北方和西部干旱地区。其中,新疆的耕地后备资源最为丰富,面积约为4 980万亩;其次为甘肃,面积约为1 126万亩。二者合计约占全国耕地后备资源总数的54.04％,内蒙古、宁夏、山西、陕西耕地后备资源占全国的 10.24%。但这些地区土地质量较差,其共同特点是存在干旱缺水、盐碱、风沙等一种或多种限制因素,且限制强度较大,生态环境脆弱。南方耕地后备资源较少,主要是分布在西南、华南和东南三大酸雨严重危害区的酸化弃耕、撂荒地。东部耕地后备资源主要分布于拥有滨海滩涂较多的江苏和山东省,占到全国耕地后备资源的 12.88%,其中滩涂、苇地等湿地占有较大比例,这些滩涂、苇地等湿地对保护生物多样性具有重要意义,属于极度生态敏感区。此外,西部和西南地区大面积的水土流失撂荒、弃耕地占有一定比例,也是重要后备耕地资源。但是,我国各主要耕地后备区域的开发均面临保护和改善生态环境的重压。能否妥善解决生态环境问题,已成后备耕地资源开发成败的关键。

土地整理:土地整理是通过对田、水、路、林、村综合整治,提高耕地质量,增加有效耕地面积,改善生产条件,提高农业综合生产能力并降低农业生产成本。目前,全国土地开发整理补充耕地的总潜力为 2.01 亿亩,其中全国土地整理补充耕地潜力约 0.9 亿亩,占补充耕地总潜力的 44.8%。目前,我国土地整理的重点在农村。土地整理的基本形式有两种:一种是综合整治,即对畸零不整的农田、废弃地、零星分散的村庄等,按照统一规划,同步实施田、水、路、林、村的综合整治;另一种是专项整理,即本着先易后难、重点突破的原则,对其中的某一项或几项进行专项整治。应将农用地的整理与居民点的土地整理相结合。农用地整理是指在耕作区内进行土地合并、复耕复垦、农田平整、兴修水利、调整和修建道路等,包括农业地块整理、农田综合整理和农业用地结构整理,从而在农村社区范围内挖掘存量土地资源的利用潜力,形成合理、高效、集约的土地利用结构,提高土地利用效率,提高生态承载力。农村居民点的土地整理是通过村镇规划,以村镇宅基地建设为中心内容,结合土地产权调整,退宅还田,并进行村庄改造、归并和合理布局,建设和完善村庄生活基础设施,提高农村居民点土地利用强度,促进土地利用有序化和科学化。农用地的整理与居民点的土地整理是相辅相成的。

土地复垦:土地复垦是指对在生产建设过程中因挖损、塌陷、压占、污染等造成破坏的土地以及自然灾害损毁的土地,采取整治措施,使其恢复到可供利用状态的活动。目前我国各种人为因素造成破坏废弃的约 2 亿亩土地中因采矿破坏的土地面积达 8 790 万亩,土地复垦率仅 12% 左右。据测算,其中约 60% 以上的废弃地可以复垦为耕地,即可以复垦增加耕地 5 400 万亩左右用于粮食生产;30% 可以复垦为其他农用地,即可复垦增加其他农用地 2 700 万亩左右,用于发展林、果、草、水产和畜禽养殖等；其余 10％可以复垦为建设用地，即可复垦增加建设用地 900 万亩。当前，我国土地复垦重点区域分为：

① 东北区，因采矿破坏耕地占总破坏土地面积的 30％。

② 华北区，因地下开采破坏耕地占总破坏土地面积的 60％。

③ 西北青藏区，因地下开采破坏耕地占破坏土地面积的 19％。

④ 长江中下游区，因地下和露天开采破坏耕地占破坏土地面积的 70％以上。

⑤ 华南区，因露天开采破坏耕地占破坏土地的面积近 10％，破坏林地占 70％。

⑥ 西南区，因露天开采破坏耕地占破坏土地总面积的 23％。

2. 耕地提质

现有条件下耕地质量提升难度加大：全国耕地总面积仅剩 18.27 亿亩，人均占有耕地面积只有 1.39 亩，远远低于世界平均水平，同时每年还有 1 亿亩左右的耕地不能得到灌溉，有近三分之一的耕地受到水土流失的侵害。与世界上其他各国相比，我国的耕地具有如下特点：人均占有耕地数量少，而且农业生产条件相对较好的地区人均占有耕地的数量要比农业生产条件相对较差的地区人均占有耕地的数量要低。我国耕地的现状为：

① 耕地总体质量差，生产水平低。从全国范围来讲，我国的优质耕地少，抗自然灾害能力差。耕地中还有近亿亩坡度在 25°以上，需逐步退耕。耕地质量差和耕地与水资源分布不均匀造成我国耕地的生产水平较低，与世界发达国家或农业发达国家相比，粮食单产相差 100 公斤以上。

② 耕地退化严重。我国许多耕地处于干旱和半干旱地区，受到荒漠化的影响。我国干旱、半干旱地区 40％的耕地不同程度地退化，全国有 30％左右的耕地不同程度地受水土流失的危害，现有条件下耕地质量提升的难度极大。

③ 耕地资源贫乏。据统计，我国耕地后备资源即使全部开发成耕地，人均增加耕地也不足 0.1 亩，而且新中国成立以来，经过长期开发，剩余的后备耕地资源大多为质量差、开发难度大的土地，投资消耗过大。

粮食生产能力提升的难度加大：从发展现状看，粮食进一步增产面临着很大困难。2004 年，由于政策好、收购价高、人努力、天帮忙，粮食生产出现重要转机，粮食播种面积恢复到 15.2 亿亩左右，扭转了连续 5 年下滑的趋势，粮食总产量超过 9 100 亿斤的预期目标。全年粮食总产量和单位面积产量均创历史最高水平。

与此同时也要看到,我国农业基础薄弱的局面并没有改变,制约农业和农村发展的深层次因素并没有消除,促进粮食增产和农民增收的长效机制并没有建立。例如:我国农田水利设施建设欠账较多,农业抗灾能力不强,特别是由于近年耕地面积减少过快等因素,我国农业综合生产能力有所下降,提高粮食产量的难度明显加大。同时,粮价进一步上涨的空间在缩小,国家也很难再出台大力度的刺激措施,粮食产量在短时期内难以进一步有大幅度的提高。再加上气候条件也有很大的不确定性,近年继续实现粮食增产存在一定难度。

主要通过障碍土壤改造、质量定向培育和集约化利用以保持现有高产耕地质量、提升中低产耕地质量。

障碍土壤改造:目前我国耕地土壤障碍类型主要包括盐碱、沙化、酸化和侵蚀等。

据统计,我国现阶段有不同程度盐碱障碍的耕地面积1.15亿亩,主要分布在西北内陆、东北松嫩平原、黄河上中游、沿海地区和华北平原。近年来,在各盐碱分布区域,都开展了不同程度的盐碱耕地障碍治理与改造方面的工作,取得了在工程、生物农艺、管理和专用改土调理制剂方面的技术积累。但是,我国的盐碱地治理改造工作尚缺乏全国层面的系统技术研发支撑和针对不同区域、不同类型盐碱地的治理与农业高效利用的配套技术模式方面的研究工作,耕地质量提升潜力有待进一步开发。

在我国由酸雨和大量使用化肥引起的土壤酸化面积已达耕地面积的40%以上,土壤酸化破坏了土壤团粒结构,给土壤引入了大量非主要营养成分或有毒物质,同时会促进土壤中一些有毒有害污染物的释放迁移或使之毒性增强。中国酸化土壤改造的重点主要为以重庆、贵阳为中心的西南地区,以长沙等为中心的华南地区和以福州为中心的东南地区。近年来,在各酸化土壤分布区域,主要是珠三角和长三角,都开展了耕地土壤酸化治理与改造方面的工作,在化学制剂、生物农艺和耕作管理等方面具有一定技术积累。

水土流失是耕地退化最主要的障碍因子,目前我国大约3亿亩的土壤因为侵蚀而发生退化,因侵蚀造成年平均损失耕地约100万亩。耕地水土流失治理改造重点是总面积3.59亿亩的坡耕地,主要分布在长江上游、黄河中游、珠江上游和黄土高原地区。近年来,国内已研发了包括工程措施(包括坡面治理、沟壑治理)、农艺生物和耕作管理等一些耕地水土流失治理技术,在一些地区取得了较好的效果。

　　我国荒漠化耕地面积累计达 1.5 亿亩,约占我国耕地面积的 10% 以上,其中,沙化面积为 3 900 万亩,主要分布在东北松嫩平原西部、华北平原北部、黄土高原及西北地区等直接或间接受风沙危害的地区,且以每年 150 万亩的速度增加。特别值得注意的是我国南方地区因水土流失加剧,也出现了成片的红色沙漠。在主要耕地沙化分布区域,都开展了不同程度的沙化耕地治理与改造方面的研究工作,取得了防护林体系、农艺改良和生物措施方面的技术积累。

　　质量定向培育和集约化利用:针对目前我国耕地土壤的盐碱、沙化、酸化和侵蚀等主要障碍类型,进行有针对性的耕地质量定向培育。针对耕地土壤盐碱障碍类型与程度,有选择性地采用已有的较为成熟的技术,如包括土地整理、土地平整、灌排工程、沟渠路工程等工程措施,生物治理与利用、抗盐品种筛选与种植、种植栽培方式与合理轮作、以肥调盐、生物覆盖等生物农艺技术,土壤水盐调控、耕作管理、种植管理、灌排管理与养分管理等管理技术,土壤改良制剂、土壤水分与盐分调理制剂、生物制剂等专用改土调理制剂技术。

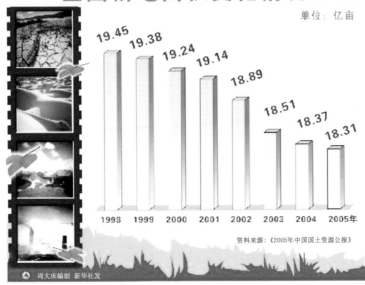

全国耕地面积逐年变化情况

盐碱障碍耕地面积：1.15 亿亩（2006 年底数据）。

风沙障碍耕地面积：1.1 亿亩（国土资源部）。

水土流失耕地面积：3 亿多亩，近 50 年来，我国因水土流失而损失的耕地达 5 000 多万亩，平均每年约 100 万亩（黄河水利委员会）。

酸化障碍耕地面积：土壤酸化面积已达耕地面积的 40％以上。

1.8　开展盐碱地及滩涂治理利用是解决我国土地短缺、保障耕地红线的有效途径

1.8.1　开展全国盐碱地分类治理工程的国家需求

粮食保障关系国家的安全和发展，长期以来一直备受国家领导人的关注。2003 年以来我国粮食产量实现半个世纪以来首次连续十余年增产，为保障国家的粮食稳定供给做出了重要贡献。根据农业部的预测，到 2020 年我国粮食消费量将达 5 725 亿斤，在保持粮食播种面积不变的情况下，在现有粮食产量的基础上还要增长 12％以上才能基本保证供需平衡。据分析，我国为了保障必需的农产品供给，进口农产品的数量实际上占用了国外 6 亿亩的耕地。国内粮食连续十余年增产之后的增产期望值减少，加上国际环境多变，从国内外粮食供给的条

滩涂自然景观

件上看,我国粮食保障存在风险。同时,我国耕地面积在以每年 40 万公顷(约 0.06 亿亩)的速度减少,确保 18 亿亩耕地红线十分艰巨。优质耕地目前粮食单产水平较高,进一步大幅度提升单产近期还没有关键技术的突破。通过中低产田改造提升粮食单产具有一定潜力,但是我国耕地和水资源配置是南方地少水多,北方地多水少,中低产田提升关键受到资源配置不协调的限制。

同时,占用的耕地多为优质耕地,补充的耕地多为盐碱、缺水、瘠薄、积温低的障碍性土壤,耕地占补平衡使中低产田面积长期保持在较高比例(2/3)。今后,我国粮食增长的途径仍然是扩充面积和提高单产的双轨制。根据我国后备耕地资源状况,通过盐碱地资源的整治开发和盐碱耕地改良提高粮食单产具有较大的潜力。我国目前仍有 5 亿多亩的盐碱土地资源,这类土地资源分布广泛,在我国北方的东部到西部有面积较大的分布,水热条件较好,只要消除土壤盐碱障碍因素,可改造成为高产农田,是我国需要优先开发的耕地资源。同时,盐碱地的开发和综合利用,将为发展区域特色农业、生态文明建设做出贡献。

1.8.2 我国盐碱地的潜力分析

在我国目前拥有的 5 亿多亩的盐碱土地资源中,具有农业利用前景的盐碱地总面积为 1.85 亿亩,其中具有较好农业治理利用条件、近期具备改良利用潜力的盐碱地面积为 1 亿亩左右。我国现有具农业利用前景的盐碱地资源主要集中分布在东北、中北部、西北、滨海和华北五大区域,主要成片分布区域包括辽宁、吉林、黑龙江、内蒙古、宁夏、甘肃、新疆、青海、江苏、河南、山东、河北、山西、陕西、安徽、浙江、北京、天津等 18 个省(市)区。其中,东北盐碱区 6 600 万亩盐

滩涂养殖业及种植业

碱地、中北部盐碱区2 300万亩盐碱地、西北盐碱区5 400万亩盐碱地、滨海盐碱区2 200万亩盐碱地和黄淮海平原盐碱区2 100万亩盐碱地具有良好的治理和农业利用潜力(逄焕成,2014;李振声,2012)。

我国长期开展了盐碱地治理与利用技术的研发工作,目前已形成一大批盐碱地治理利用的单项和集成技术,特别是针对各盐碱区的特色关键技术,如东北盐碱区的种稻洗盐改碱技术、新疆盐碱区的棉花膜下滴灌技术、滨海盐碱区的盐土农业利用技术、黄河上中游的生物节水农艺技术、黄淮海平原的耐盐作物品种选育与应用技术等,并进行了一定规模的示范应用。但是,在全球气候灾害频繁、水资源短缺、农田利用强度增加的大背景下,我国仍有大面积盐碱地未得到充分改造和利用,同时已治理利用的盐碱地也存在盐碱障碍较重、生产力低下、局部区域次生盐碱化加重、撂荒地增加等问题。如黄河上中游盐碱区采用上游咸水灌溉导致次生盐渍化,新疆绿洲农区由于水资源总量减少导致盐碱化加剧,滨海新垦滩涂盐碱地资源亟待加速治理利用等。

我国目前具有良好治理和开发利用条件的1亿亩盐碱地中,有5 000~6 000万亩盐碱地在治理改良后可实现作物大幅度增产,有4 000~5 000万亩盐碱荒地和弃耕地治理改造后可实现其农业利用。其中东北地区盐碱地资源治理利用潜力在3 000~5 000万亩左右,西北盐碱区潜力约为3 000~4 000万亩,中北部盐碱区潜力约为1 500~2 000万亩,滨海盐碱区潜力约为1 500~2 000万亩,华北盐碱区潜力在1 000万亩左右。这1亿多亩盐碱地治理改造后每年可为国家增加粮棉油200亿斤以上。

1.8.3 开展全国盐碱地分类治理工程建设的目标和建议

尽管我国盐碱地治理利用相关技术成果已产生了较好的改良利用成效,但适用各盐碱区的分类治理关键特色技术仍有待深入研究,相关技术与产品在推广应用中的可操作性仍有待大幅提升,针对各盐碱区内重度盐碱地加速改良与缩短农业利用进程的研究、轻中度盐碱地农业高效利用长效性提升研究、各盐碱区智能预警与智能分析决策等智慧农业平台建设等都有待于深入开展。

重点建立盐碱地的快速治理与高效利用技术与模式,加快盐碱地治理利用进程,同时将采用新型技术大面积治理改造盐碱荒地和利用重度盐碱地,扩大有效耕地面积,有效提高水资源在盐碱地治理利用中的利用效率,通过配套技术的应用与土壤水盐监测保障盐碱地治理利用的持续稳定。同时,运用新型抗逆种质资源的挖掘与生物农业技术,建立盐碱区的盐土农业、功能农业等特色农业产业链,推动农业全面发展和提升。

　　建立重盐碱地的工程-农艺改造治理技术与模式、轻中度盐碱地的障碍快速消减与地力提升技术模式,开展盐渍区适用粮食型和经济型耐盐-盐生植物品种培育、筛选与规模化应用,系统建立我国盐碱地的分类治理技术体系和盐碱区土-水-生物农业资源高效利用配套技术模式,通过县域示范进行规模化推广辐射,将全面实现我国盐碱地的高效分类治理和五大盐碱区的土、水、生物等农业资源的高效利用,培育形成盐土农业、功能农业等特色农业产业并形成完整产业链,充分挖掘盐碱地资源作为耕地后备资源的潜力和粮食增产的潜力,大幅度增加我国的耕地储备和粮食生产能力,保障国家粮食安全和维持国家耕地红线。初步估算能新增耕地面积 2 000～3 000 万亩,大幅度提高 5 000～8 000 万亩盐碱地农业生产能力,每年能够增加约 200 亿斤粮棉油产量。

　　我国盐碱地治理利用工作贯穿了我国土壤保护六大战略任务。我国盐碱地资源的基础调查、高效治理、分类治理、农业高效利用、生态高值利用、盐土农业产业体系构建等战略工作任务,将有效提高我国各盐碱区土壤资源的利用潜力、促进耕地建设与"三农"发展、保障土壤生态安全、健全区域土壤保护法制体系,将积极推进我国土壤保护宏观战略的整体实施。

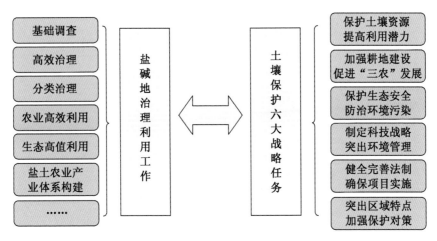

盐碱地利用及土壤保护战略

　　我国盐碱区土-水-生物资源农业综合开发和高效可持续利用是国家的现实需求,它对增地保耕地红线、增收保农产品供给等国家和社会需求有重要意义。

"中国土壤保护宏观战略"的最终目标,是通过实施"土壤保护六大战略任务"构建中国"土壤安全工程",它是我国根本解决"防治、控制和修复土壤污染,保护盐碱地综合开发治理和改善土壤环境质量"的一项科学理论与实践相结合的系统工程。

应当指出,我国应将盐碱地综合治理工程与水污染、大气灰霾等列为同等重要的问题摆到各级政府议事日程上来,制定土壤污染防治法,健全区域土壤质量标准,创新土壤环境科技,服务土壤环境监管,确保土壤环境安全与群众健康。

1.8.4 我国盐碱地治理利用的效益评估

新增耕地与地力提升:经过 10 年的高效与分类治理利用,能新增耕地面积 6 500 万亩,大幅度提高 3 500 万亩盐碱地农业生产能力,形成能持续利用 20～30 年的标准化农田。

农业增效:10 年内预期可增收粮棉油 2 500 亿斤,其中增加粮食 1 500 亿斤,棉花 500 亿斤,油料作物 250 亿斤,特色农产品 250 亿斤,实现产值超 4 000 亿元。

农民增收:10 年内预期可提高盐碱区农业生产效益 200～300 元/亩,扩大农业增收在农民总收入中的比重,我国盐碱区农民因农业增效而增收超 2 000 亿元。

第 2 章
我国盐土及滩涂治理利用与保护战略

2.1 我国盐土和滩涂资源分布概况

目前,我国拥有各类可利用盐碱地资源约 5.5 亿亩,具有较好治理条件和农业利用价值的盐碱地资源约 1 亿多亩。

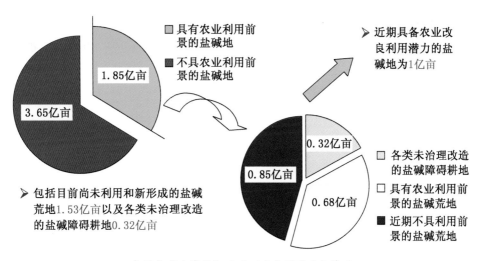

我国盐碱地资源概况及可开发利用面积情况

我国近期具备农业改良利用潜力的 1 亿多亩盐碱地资源主要分布在五大区域,其中东北 3 000 万亩,西北 3 000 万亩,中北部 1 500 万亩,滨海 1 500 万亩,华北 1 000 万亩。

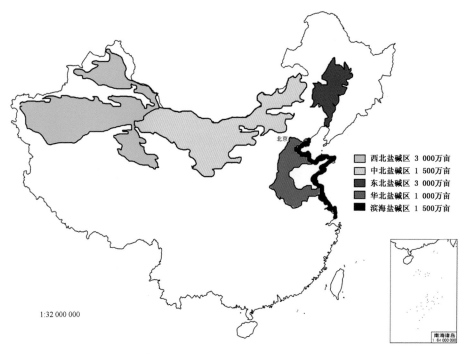

图例：
- 西北盐碱区 3 000万亩
- 中北盐碱区 1 500万亩
- 东北盐碱区 3 000万亩
- 华北盐碱区 1 000万亩
- 滨海盐碱区 1 500万亩

1:32 000 000

南海诸岛
1 64 000 000

我国近期可利用盐渍地分区示意图

目前我国总计已形成 6 大类 80 余种盐碱地治理利用综合技术，研发了一批各盐碱区区域特色明显的关键技术，如东北盐碱区的种稻洗盐改碱技术、西北盐碱区的膜下滴灌技术、滨海盐碱区的上覆下改控盐培肥技术、中北部盐碱区的生物节水农艺技术、华北盐碱区的有机培肥盐斑改良技术等。通过多年的治理改造，我国盐碱地呈现面积总量有所减少、重度盐碱地面积比例有所降低、中轻度盐碱地比例(约占 2/3)上升的特点。

盐土改良措施

2.1.1　盐土农业科研和推广的回顾

盐土农业是近年来各国土壤学家、地理学家、农学家、战略家所非常重视的一个新兴领域，它是指利用各种盐渍土、荒漠土等土地资源，并利用咸水、海水进行灌溉，种植有一定经济价值的植物新品种的农业。美国把盐土农业的概念表述为：相对于淡土（甜土）农业形成的崭新概念，主要包括盐土、咸水（微咸水）和盐生植物（耐盐植物）三大要素。

1.　我国盐土农业的科研和推广情况

中国科学院南京土壤研究所从二十世纪五六十年代开始就组织大批科技队伍进行了我国盐碱地资源的调查，系统掌握了不同区域和不同类型盐碱地的资源状况、土壤和水盐特征、开发利用方式等。依托中国科学院的专业所和布局在不同区域的野外试验站和试验基地，数百名科研人员长期开展了有关盐碱地水盐运动过程、治理改造的原理和试验示范工作，已经形成了覆盖黄淮海平原、东北地区、滨海地区、河套地区、新疆等区域的盐碱土研究与盐碱地治理利用技术研发的试验示范平台,在黄淮海平原旱涝碱综合治理、渤海粮仓、新疆内陆盐碱地治理、东北苏打盐碱土治理、沿海开发等国家重大项目中为国家粮食增产、后备耕地资源开发等方面作出了重要贡献。中国科学院南京土壤研究所熊毅院士是我国公认的盐渍土研究的先驱。他采用具有我国特色的机井型工程,建成以井灌井排为中心灌排配套的水利工程系统,并提出与农业生物措施紧密结合的综合治理方式,取得了明显的除灾增产效果,促进了黄淮海地区农业生产持续良性发展。通过引进与借鉴巴基斯坦的"井排井灌"技术,以熊毅院士为首的盐碱地改良研究团队分别在黄淮海平原建立了以"水盐运移"为主导理论的灌溉洗盐排盐、降低地下水位的工程治理技术,使大面积盐碱洼地变为良田。五十年代后期,熊毅为黄淮海平原盐渍土改良和综合治理,倾注了大量心血,开展了旱、涝、盐碱、风沙自然灾害综合治理试验研究,首次在我国平原地区采取具有中国特色的机井型工程,建成以井灌井排为中心、灌排配套的水利工程系统和农业生物措施紧密结合的综合治理样板,当年就取得了显著的除灾增产效果。八九十年代,以赵其国院士为代表的南京土壤研究所老一辈科学家坚持土壤科学为国民经济服务的方针,在国家号召开发黄淮海平原时,50多岁的赵其国亲自担任并领导了国家科技攻关项目——"黄淮海平原豫北地区中低产田综合治理开发研究"并依据熊毅等老一辈科学家积累的制土改土经验,通过对该地区8县近8 666.67公顷盐碱、风沙、洼地的治理开发(杨坚,2015),使该地区粮食产量和人均收入3年翻了一番,仅封丘县从1986年到1990年,粮食年增产量就达2 700万斤,这经验为黄淮海同类地区的治理提供了范例。

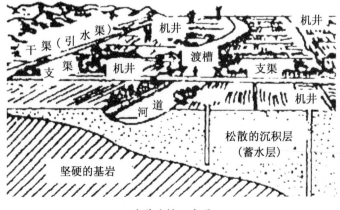

井灌井排示意图

1989 年 7 月,在黄淮海平原综合开发,右二为赵其国院士

特别是八十年代开展的黄淮海平原旱涝碱综合治理试验示范成效显著,李鹏总理考察山东禹城后,推动了黄淮海农业综合开发,最后为国家增产了500 亿斤粮食。2009 年起中国科学院主持开展了国家公益性行业(农业)科研专项经费项目"盐碱地农业高效利用配套技术模式研究与示范",以中国科学院从事盐碱土研究的研究所为主体,联合农业院校和农业科学研究院等单位,全面开展了我国五大盐碱区以盐碱地治理和农业高效利用为主体的技术研发和示范工作,已取得一批因地制宜、行之有效、较为成熟的盐碱地农业利用技术和模式,为进一步实现我国盐碱地的分类治理、盐碱区农业资源高效利用与农业增产增效奠定了坚实基础。

赵其国院士治理黄淮海平原获得的奖励证书

黄淮海平原中低产田改造(主要是盐碱地治理)1993 年获得新中国成立以来第一个农业类项目的科技进步特等奖。但是"九五"至"十五"的十年间,国家基本

上没有设立盐碱地治理的国家级研究项目,业已形成的盐碱地治理队伍也逐步消失,转行从事别的研究了。仅在"十五"新时期,948资助过"脱硫石膏治理盐碱地技术引进"和"耐盐植物引进"等项目。"十一五"国家设立了部分盐碱地治理项目,如:国家863计划重点项目课题"苏北滩涂耐海水植物新品种筛选培育及综合栽培技术研究与示范""水盐调控精量灌溉技术";国家科技支撑计划课题"盐碱土等障碍农田治理关键技术研究""准噶尔盆地南缘土壤盐漠化生态恢复与重建技术"。

中国科学院黄淮海平原农业综合开发工作,受到中央和国务院领导同志的高度重视,在国家农业综合开发领导小组、国家计委、国家科委及有关省(区)的大力支持下,中国科学院同地方政府密切配合,将封丘、禹城、南皮试验区的成功经验,推广到5个地区(市)的44个县(市),建立23个农业综合开发基地、21个技术示范点。从1988年至1990年,通过试验示范、科技承包、技术培训和选派科技副县(市)长等多种形式,推广农业新技术50余项,累计面积达1 500万亩,直接经济效益10亿元以上。3年来,在豫北、淮北、苏北地区,大力推广应用科学技术成果,积极开展科技培训工作,共举办38个培训班,参加培训人员达5 000人次,既普及了农村科学种田知识,也为当地培养了大批农业科技人才。

2. 世界盐土科技工作发展趋势

世界主要国家盐土科技工作及其发展趋势,表现为以下特点:

一是从以水利工程治理为主向以生物治理为主转变。二十世纪三四十年代,苏联学者就采用人工排水来防治土壤次生盐碱化问题。经过长期的研究和实践,人们对排水防治土壤盐碱化的重要性已有了较清楚的认识。世界各国开展了大规模的兴建水利工程,修筑各级排灌沟渠,采用明沟暗管竖井等进行排灌,比较成功的有巴基斯坦的管井排水措施、美国的防渗与排水措施等。田间水利工作在降低地下水位、将地下水位控制在临界深度以下等方面起到了显著作用。然而,由于一方面要冲洗土体中的盐分,另一方面还要控制地下水位的上升使其不致引起土壤返盐,这就要求必须具备充足的水源和良好的排水出路,做到与灌溉相结合。因此,水利措施的缺点显而易见:投资非常大,维护费用贵,含盐排出水处理难,对淡水资源依赖程度高等。因而一些学者主张寻求生物学治理措施。进入六七十年代,澳大利亚和以色列科学家提出可以利用咸水灌溉作物或通过种植耐盐植物来解决盐碱化问题,人们的观点逐步转向利用生物措施来治理盐碱地。

二是重视开发利用植物耐盐性的研究与应用。在治理盐碱地的各项技术措施中,生物措施被普遍认为是最为有效的改良途径,植物耐盐性的研究越来越受重视。国外对植物耐盐机理的研究很多,如通过对不同作物种类或品种耐盐性的比较研究,分析其耐盐性差异的生理机制,利用组织培养、分子遗传学方法对植物耐盐机理进行更为深入的研究。在人口、粮食、土地矛盾日益加剧的当今,选择具有耐盐基因和潜在经济价值的野生植物进行适应种植,可大幅度提高盐碱地作物产量。澳大利亚、美国、印度、以色列等国确定的有潜力的盐生植物达250 种之多。我国盐生植物资源也很丰富,如盐蒿、海蓬子、大米草等数百种(张立宾、徐化凌、赵庚星,2007)。

2.1.2　盐土农业的推进必须从思路转变开始

2009 年 6 月 10 日,温家宝总理主持召开国务院常务会议,讨论并原则通过《江苏沿海地区发展规划》,江苏沿海发展战略上升为国家战略。会议充分肯定了加快江苏沿海地区发展的重要性和必要性,并提出了八个方面的工作重点,沿海滩涂开发和沿海现代农业建设是其中的两个主要方面。滩涂开发表述为:"要加强海域滩涂资源开发。围填海域滩涂要依法科学进行,并优先用于发展现代农业、耕地占补平衡和生态保护与建设,适度用于临港产业发展。"现代农业建设表述为:"大力发展现代农业,稳定粮食生产,做强特色优势农业,提高现代渔业综合生产能力,加快建设农产品加工产业基地。"

2009 年 6 月 15 日,江苏省委常委会讨论实施《江苏沿海地区发展规划》的工作部署,明确提出要大力推进滩涂资源开发,依法科学进行围填海域滩涂,加强滩涂资源的高效综合开发利用。

2009 年 6 月 18 日,全省沿海滩涂围垦开发座谈会在启东市召开,江苏省委常委、副省长黄莉新出席会议并讲话,进一步强调,全面加快滩涂围垦开发步伐。从中央到地方科学、合理开发滩涂资源的力度前所未有。

传统的滩涂盐碱地利用方法主要是种植绿肥、围垦养鱼、淡水洗盐,在改良的基础上种植耐盐或较耐盐的作物,走的是先改良再利用的路子。这种方式在我国主要盐碱地分布区域均有成功实践,但周期长、成本高、效益低。

近年来,盐城借鉴发达国家的成功经验,创新发展思路,按照"引进创新盐土农业技术,发展耐盐动植物种养,培育龙头加工企业"的总体思路,直接利用盐土或利用与改良并举,通过在盐土上种植具有利用价值、经济效益较好的耐盐植物,因地制宜养殖食草畜禽,发展海水养殖,建立生态优化的盐土农业体系。实

滩涂围垦发展渔业

践表明,"海水能灌溉、盐土能种菜、高效来得快"的新思路是正确的,是更为经济、高效、快捷的盐土利用途径。

已有的比较成功的盐土资源利用范例,如盐城市绿苑海蓬子开发有限公司经过成果探索、成果积累阶段,现在已进入成果转化阶段,这个阶段有着三个方面的显著变化:一是从最初的海水蔬菜开发研究发展到当前除海水蔬菜外,还有能源、粮食、花卉、药材、经济植物、牧草等耐盐植物的整体推进;二是从在东部沿海滩涂利用发展到西部盐碱干湖的荒漠治理;三是从最初的社会效益、生态效益,到通过产业化向经济效益推进。希望要从已有基础即"绿苑海蓬子 1 号"和"绿海碱蓬 1 号"两个具有自主知识产权的植物品种开始,利用已有技术、工作经验和产学研体制在省科技厅和相关部门帮助下做出更大的贡献。

盐生植物及盐土蔬菜

2.1.3　中国盐渍土研究发展历程回顾和现状特点

　　盐渍土在我国分布广泛,从热带到寒温带、滨海到内陆、湿润地区到极端干旱的荒漠地区,均有大量盐渍土的分布。我国盐渍土总面积约为 3.6×10^5 km^2。西北、华北、东北地区及沿海是我国盐渍土的主要集中分布地区。其中,西部六省区(陕、甘、宁、青、蒙、新)盐渍土面积占全国的 69.03%。我国耕地中盐渍化面积达到 9.209×10^4 km^2,占全国耕地面积的 6.62%。盐渍土是我国最主要的中低产土壤类型之一,其生产力水平与其质量状况有非常密切的关系。同时,盐渍土质量的变动过程较快,受人类影响明显,不当利用条件常迅速导致土壤的退化和生产力水平的降低。在人们开发和利用土壤和水资源,特别是干旱和半干旱地区水土资源的过程中,土壤盐渍化问题一直是必须重视的问题。盐渍土研究中的科学问题与生产实践结合紧密,盐渍土研究工作受到了科技工作者和社会的广泛关注。

　　盐渍土的研究开始于一个多世纪以前,到二十世纪二三十年代,土壤学家开始用地球化学观点、原理和方法,研究盐渍土的发生与演变问题,将盐分在土壤中迁移转化的地球化学作用规律作为盐渍土研究的基础和核心。由于盐渍土分布广泛、农业地位重要,我国历来高度重视盐渍土的调查、利用和治理方面的研究工作。新中国成立初期,国内组织的对东北、青海、西藏、新疆、宁夏、内蒙古、华北平原等地的土地资源考察和全国性的土壤普查,为摸清我国盐渍土资源状况和开展盐渍土研究打下了良好技术基础。在新疆、宁夏、内蒙古河套地区、松嫩平原和辽河三角洲等地大规模开展的盐渍土的开垦、改良和利用工作,扩展了我国耕地资源面积,对当时我国农业生产的发展做出了重要贡献。我国在二十世纪五十年代开展的盐渍土资源的大规模考察、勘测垦殖、改良和利用的实践,促进了盐渍土研究工作的发展,为我国现代的盐渍土改良科学奠定了基础,并造就出了一批著名科学家。

二十世纪六十年代至七十年代我国基础设施建设和农业发展较快,由于在农业发展过程中存在灌溉工程不配套、排水系统不健全、土地不平整、灌水技术粗放等问题,导致一些地区的地下水位剧烈抬升,土壤次生盐渍化广为发展,严重影响了农业生产发展。在这一阶段,针对次生盐渍化的困扰和危害,土壤科学工作者加强了地下水临界深度及其控制、灌溉渠系的布置和防渗、明暗沟和竖井排水技术等方面的研究,减轻和消除次生盐渍化的危害。同时,研究建立了围捻平种、沟畦台田、引洪温淤、冲沟播种、深耕浅盖、绿肥有机肥培肥改土、选种耐盐品种和生物排水等农林技术措施。在解决了生产问题的同时,也很好地解决了盐渍土研究中的一些科学问题。

二十世纪七十年代以后,我国启动了多项与旱涝盐碱综合治理相关的国家科技攻关项目,如"黄淮海平原中低产地区的旱涝盐碱综合治理"。盐碱综合治理实践和相关科学研究工作对我国北方各盐渍土和中低产地区产生了广泛影响,推动了我国盐渍土及其改良工作发展。通过治理实践和科学研究,人们认识到,应该以现代科学理论和技术为指导,根据不同条件,建立相应的综合治理模式,推动盐碱治理工作的开展。在科技攻关期间,还根据不同类型区在黄淮海平原建立了多个综合治理试验站。新疆、宁夏等地的排水种稻,吉林的综合改良苏打盐土、江浙鲁冀诸省的海涂开发、内蒙古一些地区的井排等均在综合治理方面取得了可喜进展。在这一阶段,我国的土壤科学家先后获得了国家科技进步特等奖等重要奖项,并完成了《中国盐渍土》等一系列专著。

早期我国科学家编著的部分盐土治理与开发利用的专著

进入 21 世纪以来，随着农业发展速度加快和土地资源开发利用强度的提高，一些地区原有的盐渍化问题加剧，同时还出现了一些新的盐渍化问题。在灌溉区扩展、节水灌溉技术大面积应用、设施农业技术的推广应用、绿洲开发、劣质水资源利用、沿海滩涂资源开发、后备土地资源的开发利用以及大型水利工程建设过程中，有关盐渍土资源的利用、管

赵其国院士主编黄淮海平原治理相关的论著

理和盐渍化的防控等方面的研究与技术研发工作受到了科技工作者的广泛重视，在不同利用条件下盐渍土资源的优化管理、盐碱障碍的修复与调控、水盐动态和土壤盐渍化时空规律评估、土地资源高强度利用条件下盐渍化的防控等研究方面取得了一系列研究成果，为我国盐渍土分布区和盐渍区的农业可持续发展、水土资源高效利用和生态环境改善做出了重要贡献。

2.2　沿海(江苏)滩涂资源概况与特点

2.2.1　江苏沿海滩涂资源概况

江苏省沿海三市(连云港市、盐城市、南通市)均拥有丰富的滩涂资源,而且辐射沙洲周围还分布有大规模的滩涂。根据江苏近海海洋综合调查与评价专项(江苏 908 专项)的调查,全省沿海滩涂总面积 750.25 万亩(5 001.68 km^2),约占全国滩涂总面积的 1/4。其中潮间带滩涂面积 401.50 万亩(2 676.69 km^2),辐射状沙脊群理论最低潮面以上面积 302.63 万亩(2 017.52 km^2),潮上带滩涂面积为 46.21 万亩(307.47 km^2)。

2.2.2　江苏海岸的历史变迁与滩涂资源的开发

"沧海桑田"是我国古代人民对不断变化着的海岸所作的生动概括。海岸的开发和演变是地质基础、构造运动、世界性海面升降变化以及波浪等海水动力和河流等多种因素相互作用的结果。研究每个历史时期的沉积环境、沉积特征与海岸发育和演变规律,对当今和未来沿海滩涂资源的合理开发利用和保护都有着重要的意义。例如,历史时期黄河受自然条件和人类活动的影响,数次南泛淮河,是影响江苏海岸线变迁的因素之一,今后黄河很有可能再度泛淮,因此在制订江苏海岸带滩涂资源宏观开发与保护战略时,应考虑这一未来可能发生的变化。要做到这一点须借助于历史时期黄河泛淮对江苏海岸线变迁影响的研究,了解过去,才能针对历史上出现的问题,采取相应措施,防患于未然。

江苏海岸的发育和演变与古黄河、长江三角洲的发育历史有密切的联系。长江、黄河丰富的径流带来大量泥沙,使江苏海岸在历史时期,特别是"一石水而六斗沙"的黄河在江苏入海的 700 多年间,迅速向海推进,不仅形成了形态和发育过程互异的两大三角洲,而且塑造了广阔的滨海平原和独特的岸外沙脊群。根据资料分析及历史记载,大致以海安至弶港一线为界,其北部地区海岸演变主要受古黄河南移北徙所制约;其南部为昔日长江河口,海岸演变受河口伸展东移的控制。在论述苏北海岸时,我们把弶港以南的南通市称为南部,废黄河口至弶港称为中部,废黄河口以北称为北部。

1. 黄河夺淮前的江苏海岸

全新世高海面时期,海水曾侵达沭阳、泗洪、高邮、仪征、扬州一线。大约在距今 6 000 年前以来,回升后的海面基本上趋于稳定,只有微小的涨落。这一阶段海岸线移动的总趋势是:山地丘陵海岸的凸出岩岬缓慢后退,距离有限,其中凹入的海湾逐渐受泥沙的淤填,外涨较快;平原海岸,由于陆源物质的输入,岸线外涨。我国平原海岸线以内(如渤海湾西部平原、南部平原,苏北平原,长江南岸沙堤),往往有多列沙堤或贝壳堤,成为当时海岸变迁的自然标志。据阜宁、盐城县志记载,苏北平原上有西冈、中冈、东冈三条沙堤,其实西冈以西、东冈以西、东冈以东分别还有一条沙堤,它们分别代表海岸不同的发育时期。

西冈以西的沙堤,称为青莲冈,纵贯苏北平原之西部,以青莲冈与钵池沙层较厚,自青莲向南经淮阴的钵池、武墩,沿洪泽湖东岸直至蒋坝及盱眙山地东沿。它是苏北古海岸在全新世高海面时的岸线。西冈,北起赣榆郑园,经灌云东风、平塞、阜宁羊寨、盐城龙冈、东台安丰至海安县境,与南部沿海的姜堰、泰州、江都、扬州一线分布的古沙堤相接,形成年代距今约 5 000~7 000 年。中冈,北起赣榆罗阳、大沙,经涟水唐集、灌云青山、灌南新安、盐城永丰、大丰三圩、兴化合塔入海安县境,形成年代距今 4 600±100 年。东冈,北起赣榆范口,经灌云下车、灌南城头、滨海潘冈、建湖上冈,再向南经阜宁沟墩、盐城、草堰、东台至海安以东接长江三角洲,形成年代距今 3 300~3 900 年左右。著名的李堤(唐朝修筑的海堤)和范公堤就是在东冈的基础上修建的。长期以来人们错误地认为这条沙堤即为唐宋之海岸。其实,东冈以东,位于范公堤东侧 1~5 km 的一道沙堤,才是宋代黄河南徙之初,苏北真正的海岸线。这条沙堤北起赣榆区海头镇,经灌云板浦、下车,灌南县花元,响水县云梯关,滨海县天场,阜宁县三灶,建湖县埝东,在上冈、新兴与东冈沙堤重合;向南经盐城盐湾至大丰市大团,在距范公堤 1~3 km 的范围,绕至如东县栟茶,向南与长江三角洲相接。

从西冈起至东冈以东沙堤,5 000 余年的时间,古沙堤竟有 4 条,而海岸仅宽 5~20 km,平均年淤长仅 1~4 m,这沙堤在短距离内多次出现,说明在这一时期动力多次出现变化,淤蚀交替,致使岸线长期在 20 km 范围内摆动。从沙堤组成特质的粒度推断,当时的滩坡当在 8°以下;从其排列走向来看,当时强风浪来自北北东,与现在的情况基本一致;从沙堤纵向分布来看,苏北中部及北部沙堤以中、细砂为主,沙堤清楚,而南部沙堤却极不明显,说明苏北中部及北部长期以来海洋动力作用较强,南部海岸由于岸外沙洲纵横,滩地宽阔平缓,波浪传播至岸边已很微弱,难以形成激浪,因此泥沙分选性差,而无成堤条件。

2. 黄河夺淮期间江苏中、北部海岸的巨迁

南宋建炎二年(1128 年)黄河最近一次南徙夺淮,由云梯关入海,历时 700 余年。虽然黄河在历史时期中影响江苏海岸的时间并不算长,且是近几百年的事,但由于黄河的含沙量特大,故在江苏形成了苏北黄河三角洲滨海平原的岸外沙洲。

① 黄河入海口的外伸。

黄河南徙之初,淮河口在云梯关附近。入淮初期,由于河道时而北流,时而南流,时而南北分流,时而九股分流,在黄河分流入海 300 多年中,决流散漫无归,泥沙多分散沉积于原沿海沙冈以西的广大潟湖洼地和抬高沿河低地,入海甚少。宋、元直至明初,黄河口基本在云梯关附近。到明成化末年(1487 年)河口才抵达四套一带,河口海岸线逾范公堤东不过 5 km 左右。自明弘治七年(1494 年)刘大厦筑大行堤断黄河北股支流,黄河才全流夺淮。全流夺淮后,输沙量大增,特别是明代治河专家潘季驯对黄河下游采取"束水攻沙"的治理方针,大筑黄河两岸大堤,以及清康熙、嘉庆、道光年间接筑云梯关外两侧大堤,使泥沙多经正河口入海,遂使河口延伸速度大大加快。仅治河成功的最初十几年(1578—1591年)河口外延迅猛发展,而且其后的 200 多年中河口向外延伸达 60 km。这样,自 1128—1855 年的 727 年,黄河河口共向海伸展 90 km 左右,塑造了大致从新沂河至射阳河之间的巨大河口三角洲。

黄河在苏北入海时河口的延伸

年份	河口位置	时间间隔 (a)	延伸距离 (km)	速度 (m/a)
1128	云梯关			
1578	四套	450	15	33
1591	十套	13	20	1 540
1700	八滩	109	13	119
1747	七巨	47	15	320
1776	新淤尖	29	5.5	190
1803	南尖、北尖	27	3	111
1810	六洪子	7	3.5	500
1855	望海墩河口	45	14	300

② 江苏北部海岸线的变迁。

现在黄河每年向海倾泻的泥沙为 1.6×10^{10} t，约合 1×10^{10} m^3，在夺淮几百年的历史时期中也应有与此大致相当的泥沙量供给苏北海岸。这样巨量的泥沙不仅使入海河口迅速向外伸展，形成巨大的河口三角洲，而且通过泛滥向附近河道排泄黄河河水和泥沙并使之向海岸运动，从而直接或间接地使北部海岸经常接收到黄河泥沙的堆积作用。

江苏北部海岸，在黄河南徙之前，原属基岩海岸或沙质海岸，附近虽有临洪河、沂沭河的输沙填充，但对海岸影响较小，因此海岸长期变化不大。黄河入淮初期，因其本身河口伸展比较缓慢，且入海泥沙较少，其北部海岸相应伸展也很缓慢。故海州北部之海岸，宋、元时期基本还是唐、宋之前的位置。海州附近据《隆庆海州志》记载，"东至海一十五里"，当时之云台山仍在海中。目前灌云、灌南县东部，"东陬山居海中，西陬山居海隅"，说明当时该处海岸已近西陬山。从史料记载可以看出，明万历六年（1578 年）以前，江苏北部海岸，大致北起赣榆荻水，过赣榆县城东约 8 km，海州东约 8 km，板浦东 5 km，西陬山西、三舍、田楼、四套一线。从这条岸线看，海州以北岸线基本未动，海州以南海岸与宋代海岸相比稍向东移。因此可以说，在宋、元、明初黄河南北分流时，本区海岸曾有淤长，但延伸是比较缓慢的。

自明万历六年以后，随着黄河入海口的迅速向海推移，江苏北部海岸也日渐淤长。海州与云台山之间的水道也日渐缩窄，到 17 世纪 70 年代，吏部右侍郎哲尔肯到云台山察看时，海州与云台山之间的海峡恬风渡"潮涨不过十里，潮落不过四五里"。康熙三十五年（1696 年），总河董安国于云梯关海口筑拦黄大坝，于关外马家港桃河导黄由南潮河入海，南潮河很快淤为平陆。清乾隆中期（1760—1770 年），海州和南云台山之间的对口溜（原烧香河前身）水道淤平，南云台山与陆相连，形成了今日灌云县东部之大片陆地。这片陆地在 1572—1855 年的 283 年中，由东陬山向海伸展 18 km，平均每年淤长达 64 m。1842 年敬征等赴灌河口踏勘称"潮河（灌河）南岸淤滩，温潮落已接开山"。清乾隆中期至 1842 年，灌河口南淤长了 15～17 km。清咸丰五年（1855 年）黄河北徙时，开山与大陆已经完全相连。

云台山以北之海州湾海岸，除南段临洪河口历史时期直接接收过黄河泥沙，海岸呈缓慢淤长外，北段海岸一直保持着原来的沙质海岸性质，并有很多缓慢的蚀退。春秋时期著名的纪鄣城在明末开始沦入海中，清乾隆年间只有在潮退时才能见其遗址。而在海州湾顶地区,据《明史·地理志》记载:"赣榆县东至海十五里",由此可见,古赣榆县向东一带,在黄河夺淮期间是比较稳定的。

③ 江苏中部海岸的变迁。

黄河入海口以南的江苏中部海岸,在黄河下游未南徙之前,基本上还是范公堤的位置,"大海在盐城东约一华里"。黄河夺淮后,海岸逐渐淤长。在外涨过程中,有时速度较快,有时相对稳定,甚至后退。从盐城南洋岸到东台四灶有一条沙堤标志着14—15世纪的一段时间,海岸相对稳定,激浪在这里塑造出沙堤。在宋、元直至明末清初的500多年的时间内,岸线外伸并不迅速。据《盐城县志》记载,15世纪30年代的明朝末年,海在盐城东25 km,特大潮灾常常冲毁范公堤,使人民生命财产遭受很大损失。宋、元时期冲毁范公堤的情况,志书记载很多,明时海岸距堤虽远,但特大潮仍史不绝书。如明成化三年(1467年),海潮漫溢,范公堤溃决近70处,溺死盐民250余人。明正德九年(1514年),"海潮漫溢,盐城县居民漂溺十之七"。明万历五年(1577年),潮水冲毁范公堤,"兴化、盐城死者无算"。甚至到清雍正二年(1724年),"七月飓风大作,潮水冲毁范公堤,浸入盐城、阜宁县城,房屋漂荡,淹死5万余人"。

由于范公堤一直是沿海藩篱,盐场之保障,历代地方官员和人民都非常重视对范公堤的修筑。自宋至清初,大规模修筑已有记载十余次,小修不计其数。雍正以后,除非特大潮位,一般潮汛已涨不到范公堤。清雍正十二年(1734年)治河总督高斌奏请把修范公堤一事照黄河之例,择其紧要之处每里设堡夫一名,随时修筑残缺,不再大规模维修,直至嘉庆五年(1800年)才免除堡夫。

其实,范公堤以东广袤的土地上至今仍保留的明清两代的烟墩和潮墩遗迹及盐灶地名才是这段海岸变迁的历史见证。

明开国以来,屡受倭寇的侵扰,其中以明嘉靖年间(1522—1566年)为最。为侦察海上警息,明嘉靖三十三年(1554年)在靠近港汊和海口之外建立烟墩,一旦敌船入侵,则点火告警。由于当时海岸离范公堤已有相当长的距离,因此在范公堤以东亦设有烟墩。明代中叶后,范公堤以东滨海平原淤长迅速。清初,为了对抗郑成功在东南沿海一带的军事活动,顺治年间又在沿海建立了一批烟墩。

嘉靖十七年(1538年),海潮骤涨,范公堤以东水深丈余。巡盐御史吴悌巡察两淮盐场和盐支使郑漳议修海堤未成,创避潮墩于各团(盐灶聚集区)诸灶。明嘉靖十九年(1540年)在维修范公堤时又筑潮墩220余座,每团两座。清乾隆十一年(1746年),盐政吉庆视察两淮各盐场潮墩多寡有无,或远或近,各不相同,明时潮墩经 200 多年的潮涌浪击,十墩九废,由于连年潮患,他于同年和次年奏请持修了 228 座潮墩。

潮墩主要用于避潮,最外侧的潮墩一般建立在秋季大汛可以浸漫的高潮线附近。作为敌船入侵报警之用的烽火台式的烟墩一般则比潮墩还要更靠海些。它们作为古海岸线的人工标志,应比海堤更合适。张忍顺根据各个时期《两淮盐诸志》所载各盐场图中标注的潮墩、烟墩位置结合其他有关史料勾画出了范公堤以东不同时期的海岸线。

明代中叶苏北岸线北起废黄河边四套,东南在匣子港过射阳河,经潮通港、新坰至北洋岸过新洋港;经庙、龙堤,在七灶河附近过斗龙港;经南团、小海、大丰沈灶,入东台境,过丰盈关、东台沈灶、富东至海安李堡附近接范公堤。清初,这段岸线从废黄河南岸的木楼子转向新港,过双洋河,至射阳河畔的通洋港,又至新洋港边四木楼,至斗龙港的七灶河口稍东,向东南往万盈西,接大桥、潘敝、三仓、唐洋至海安的角斜、旧场。在十八世纪五六十年代的清朝中叶,这段岸线则北起黄河贾堌堆,在大北港东过射阳河,经中兴桥、李灶,然后折向东南入大丰市,抵卞家,沿今黄海分路抵万盈、大桥以东,大致沿西潘堡河,向东南经东台十总东,抵海安旧场东。到了十九世纪中叶,海已在盐城东 50 km 之外了。

3. 黄河北归后江苏中、北部海岸的演变

咸丰五年(1855 年)黄河抛弃了淮、泗故道自北东利津入海,苏北海岸大量泥沙来源断绝,动力平衡发生了根本性的突变,波浪潮流等作用取代了河流对岸滩发育的控制作用,凸岸冲刷后退,凹岸堆积增长,海岸处于调整过程中。废黄河尖海岸急剧后退,河口沙嘴和拦门沙逐渐被夷平,冲刷区不断扩大,致使烧香河口到射阳河口的三角洲范围先后由淤长转化为侵蚀后退。

① 河口及河口以北海岸的变化。

首先是废黄河尖,即河口沙嘴急剧后退。据《阜宁县志》记载:“咸丰五年铜瓦厢河决,北徙不复,海滩地始见有坍塌者,广大滨海平原由桑田又沦为沧海。” 1886 年《阜宁县志》记载:由于“海滩日塌,昔之青红沙,丝网滨均塌入海,渐至小另案矣”。到 1934 年《阜宁县志》又载:“由于黄河久徙,凡遇一二日狂风巨浪,海岸必剥蚀丈许,计一岁中至少可蚀去三四十丈,而涝年尤甚,以致青红沙、丝网滨早付汪洋,近五十年已由小另案塌至六合庄。”六合庄、大尤庄、小尤庄、吴圩子、六泓子、金庄、小沙庵、小另案(小林庵)等许多村落均因河口侵蚀而数次内迁或消失。根据不同时期的地形图资料,从 1855 年到二十世纪六十年代末,废黄河

口一带共后退约 17 km,平均年蚀退 147 m。后因修了护岸工程,后退渐停,但滩面继续刷深。

从废黄河口向北,海岸蚀退速度逐渐减慢。新滩盐场裕化港附近,1855—1970 年共后退 3 400 m,年均约 30 m。据观测二十世纪五六十年代平均每年后退 20 m 左右。北部灌河口一带海岸,开山断面 1855—1974 年平均后退速度为 63 m/a,而二十世纪七八十年代的观测表明,其后退已减为 20 m/a 左右。

废黄河口六合庄段海岸侵蚀后退历史情况

年份	时间间隔(a)	海岸蚀退距离(m)	蚀退速度(m/a)
1855—1898	43	6 000	139.5
1898—1940	42	5 950	141.7
1940—1949	9	1 400	155.6
1949—1957	8	2 550	318.8
1957—1970	13	1 050	80.8
合计	115	16 950	147(平均)

徐圩、台南盐场海岸,由于北部有云台山的掩护,后退速度较开山一带为缓。据收集到的 1922 年、1953 年这一地区的海岸地形图和 1953 年航测图比较,在 1922 年时,小丁港一带的现代海堤外约有 500 m 宽的高滩地,1939 年高滩宽为 300 m,1953 年只有 80 m,至 1960 年后退至 15 m 左右。从以上情况推算,这一带海岸自 1855 年至今,海岸蚀退在 2 km 以上。

连云港港口一带海岸为基岩海岸,故岸线后退不太显著。不过黄河北归时已经涨得"潮枯时深不过五六尺"的连云港海峡,现平均已达 5m,近百年来不但不淤反而有所冲刷。

云台山北部的海州湾,黄河北归以来,除兴庄河河口以南受临洪河来沙的影响,处于缓慢淤积过程外,兴庄河河口以北至九里仍处于冲刷之中,九里至绣针河口变化很小。根据地形图,侵蚀最快处平均年后退 210 m。

② 河口以南的苏北中部岸段。

废黄河南侧海岸冲刷区不断扩大。根据测量资料,二十世纪七十年代初,废黄河口以南的淤蚀平衡分界点在射阳县运粮河口以南,七十年代以前年平均侵蚀范围扩大 0.35 km,射阳县畜套口至双洋口附近在二十世纪七十至八十年代平均后退速度为 20～30 m/a。八十年代初淤蚀平衡分界点已移至大喇叭口，八十年代末又移至射河口，并继续向南扩展。

黄河夺淮期间不仅形成了面积巨大的水上三角洲平原，而且还发育了北缘以灌河口外沙带为界，南缘延伸到射阳河口外的苏北辐射沙洲群之中，前缘最远处达 122°E 以外的−30 m 等深线位置上的巨大水下三角洲及其河口沙脊。黄河北归后，水上水下三角洲及其黄河口沙脊不断被侵蚀改造。由于苏北中部沿海水域是东海前进潮波系统和南黄海旋转潮波系统作用相互汇合的区域，故三角洲侵蚀下来的泥沙在沿岸流的作用下多向中部海岸辐射沙洲中心区搬运，东台岸外沙洲继续淤长。近岸水道在沙洲形态调整过程中的泥沙供应，较长期地保持淤积状态。加之由于长江在历史时期以及黄河在夺淮期间，大量泥沙使岸外淤浅，为海岸的近期推进提供了基础。因此不仅长期淤积，而且淤积速度很快。在东台岸段，近几十年岸线的推进速度超过 200 m/a，甚至经黄河入淮时还要快得多。

4. 江苏南部海岸的演变

南部海岸变迁，与长江三角洲的形成和发育密切相关。在全新世高海面期，长江入海口在扬州、仪征一带。新石器时代，江口外伸到镇江附近。距今 4 000 年左右，长江入海泥沙在江口堆积，形成了以黄桥为中心的河口沙坝，北岸堆积了由扬州、江都、泰州、姜埝至海安沙冈、青墩一线的弧形沙堤，向北与西冈相接。南岸形成了镇江至常州、苏州马浜的沙堤。至公元前 1 世纪，河口沙堤与沙嘴接并，河口东移抵靖江，江北岸线在泰兴、石庄以北，白蒲以南，东接掘港廖角嘴。沿岸形成一系列沙堤贝壳堤，向北与东冈相接。据《后汉书·郡国志》记载，江口外则有"扶海洲"出现。公元 8 世纪"扶海洲"并陆，分江道为南北二泓，这时，约在今南通北部地区，出现河口沙坝"胡逗洲"。至 10 世纪中叶，"胡逗洲"形成了"东西八十里，南北三十五里"的规模，洲外又有"东布洲"和"南布洲"。北宋天圣年间（1023—1031 年），胡逗洲、东布洲、南布洲、狼山相继并陆，江口外移至狼山附近，江北口岸沙嘴东伸到吕泗一带，通海大片土地形成。而长江北泓亦因此堵塞，在掘港与吕泗间形成了马蹄形三余湾。此时，海岸线大致在吕泗、余西、金河、北坎、丰利、栟茶一线。北宋庆历年间（1041—1048 年），通州知州锹遵礼修筑今南通五总埠至余西海堤。至和年间（1054—1055 年），海门知县沈起又将狄堤延至吕泗东之大河营，从而构成范公堤南段，成为 11 世纪中叶本区海岸的人工标志。

宋元以后，三余湾不断淤积，至明中叶，岸线大致由吕泗北，过海门东灶镇，沿沈堤北 5 km 至姜堤[明万历年间(1573—1619 年)海门县姜天麟建造的新堤]，向西北过唐洪灶兆，沿十总、双墩、放场边古路，向掘郊，后沿今掘坎河，至长沙镇。此后，三余湾淤积加快，清乾隆年间，其南部的金沙场和西亭场荡地距海不远。至光绪初，荡地卤气已竭，盐产极薄。清光绪末年(1905 年)，三余湾基本上完全成陆，现代海涂开始发育，至今仍在继续向海推进。

相反，吕泗以南海岸，由于江道主泓北趋，江岸曾一度坍塌，海岸后退，逼使海门屡迁其治，通海大片土地浸入海中。据《海门厅志》载，宋元时期海门旧治在大安镇(今吕泗以南)，元末(1341 年)大安镇被海水冲塌严重，徙治于距通州50 km 的礼安乡，明正德七年(1512 年)又迁治于余中场，嘉靖二十四年(1545年)三迁于金河场，清康熙十一年(1672 年)其治四迁永安镇，并因县境大部分土地为大海所蚀，降县为乡。此后又过十余年永安镇也复坍于海，随之乡治又迁至今仁镇。康熙末年海岸蚀退已及吕泗余东、四甲、袁灶、姜灶、东沙、狼山一线。乾隆三十三年(1768 年)，长江主流进入南泓，江道南移，北岸坍塌停止，转向淤长，沿岸一带长出许多沙洲，称之外沙(今启东)。乾隆四十年(1775 年)安庆、富民、天补等发展到 50 余个。至光绪二十年(1894 年)沙洲日渐扩大，洲间流泓淤没，渐与海门涨接连成一片平野，启海平原随之形成。进入 20 世纪后，岛北移，沙水动力条件变化，部分海岸又趋塌蚀，至今仍处于微蚀状态。

江苏海岸自新石器时期到现在几经"沧桑"，曾长期相对稳定于赣榆、板浦、阜宁、盐城、海安一线，1128—1855 年的黄河南徙使江苏海岸迅速向海推进，苏北中北部海岸平均向海推进 60 km 左右，形成了 7 000 km² 的滨海平原。南部海岸因历史时期长江挟带泥沙不断在河口沉积并岸而逐渐东移，且河道由北逐渐向南摆动，又形成长江口北部约 7 000 km² 的三角洲平原。尽管黄河北徙和长江南移之后，泥沙来源骤减，使江苏海岸及水下三角洲又经历了一次调整过程，黄河三角洲平原 200 km² 的土地又沦为沧海，但由于历史时期黄河、长江输出之泥沙使本区岸外淤浅，形成了巨大的岸坡浅滩和辐射沙洲，现代岸线总体仍呈淤长之势，每年净淤长面积超过了 2 万亩(约 13 km²)，成为当代江苏最大的一块可持续利用的后备资源。

2.2.3　沿海滩涂资源特点与开发利用

1. 江苏近 50 年来的滩涂演变特点

侵蚀岸段护岸后以下蚀为主，海岸后退的速度逐渐缓慢。侵蚀岸段的中心部位——废黄河口（滨海县）——低潮位线的后退速度逐年下降，已由 50 年代 50 m/a 下降到目前的 30 m/a 左右，由于护岸保滩工程的实施和加固，海岸后退基本得到控制，侵蚀以下蚀滩面为主。废黄河口两侧的双洋港、灌河口岸段的侵蚀强度不断衰减。南部东灶港至蒿枝港侵蚀岸段，由于大面积养殖紫菜，紫菜养殖区的中低潮滩已明显淤高，滩面下蚀也停止。

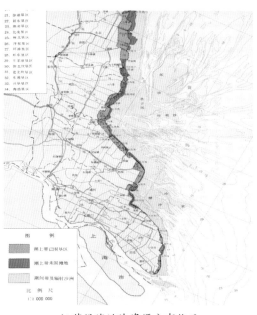

江苏沿海滩涂资源分布状况

淤长岸段自然淤积强度减弱，但在生物、围垦工程作用下，潮上带持续稳定淤积，潮间带有陡化趋势。受泥沙来源减少的影响，淤长岸段总体淤积强度不断减弱。但由于平均高潮线附近互花米草的大面积生长繁衍，拦截涨潮流带来的泥沙，这种生物促淤作用，使得平均高潮线持续向海移动，潮上带面积不断扩大。同时，随落潮流回流的泥沙减少，潮间带滩面有逐步陡化的趋势。围垦也对滩涂的淤积产生影响，会在短时间内改变潮滩的淤蚀状况，促使堤前滩地迅速淤高，淤积带外移。

2. 江苏沿海滩涂土地资源特点

江苏省海涂资源较为丰富，共有 950.25 万亩，由岸滩的潮上带和潮间带以及辐射沙洲潮间带三部分组成。全省海涂年淤长面积近 2 万亩，扣除海涂侵蚀量，江苏省每年净增海涂面积约 1.65 万亩。

江苏省沿海滩涂地区土地资源利用方式复杂多样，有耕地、林地、园地、鱼塘、盐田、芦苇地、对虾养殖场、草场、特种养殖场等多种利用方式。

沿海滩涂地区土壤普遍含盐，土壤盐度的变化与海岸线平行，离海岸线愈远,土壤含盐越少。滨海盐渍土的改良、盐分障碍的消除和调控以及适应沿海资源与环境特点利用技术研发,是实现和保障沿海滩涂土地资源有效和持续利用的重要内容。

3. 江苏省滩涂资源利用的实际需求

江苏省全省人口密度超过 660 人/平方千米,高居各省区之首。江苏省人均占有耕地已由 1949 年的 2.36 亩降到目前不足 1 亩,土地供需矛盾突出,随着人口增长和非农业占地的增加,耕地短缺将日益严重;我省的后备土地资源主要集中在海涂地区,江苏省耕地资源的短缺主要应该从浅海资源中得以补充。

4. 江苏沿海滩涂资源开发的优势条件

区位优势:江苏地处我国沿海经济带的中部,位于沿江经济带和沿陇海经济带的交点上,南有黄金水道长江,并受上海经济区辐射,北有连云港与新欧亚大陆桥相联系,东与日本、韩国隔海相望,西有 204 国道、新长铁路和沿海高速公路沟通南北,交通发达。随着铁路和高等级公路的修建,受南北相对发达地区的辐射、带动作用不断增强,江苏沿海经济已开始迅速崛起,土地资源短缺的矛盾将更加突出,沿海滩涂必将成为开发利用的热点和投资的宝地。

气候优势:江苏沿海气候横跨北亚热带和北温带两个气候区。具有气候温和、雨量充沛、光热充裕、无霜期长的特点,极具生物多样性,滩涂垦区是发展绿色农业、盐土农业、蓝色农业的理想基地。

资源优势:江苏沿海滩涂面积居全国之首。我省滩涂起围高程是全国最高

沿海滩涂自然植被景观

的,大多在理论最低潮面以上 3～4 m。而且淤长型海岸,通过匡围又能促进滩涂的淤长,自然调节潮上带、潮间带之间的平衡,促使土地后备资源不断再生。滩涂地势平坦,污染很少,匡围后可用于发展种、养殖业和综合开发,具有得天独厚的优势条件。同时,滩涂其他资源种类众多,如生物资源、港口资源、盐业资源、旅游资源等。通过围垦开发,这些资源优势能较快转变为经济优势。

5. 江苏沿海滩涂资源开发的现状

① 滩涂资源利用和综合开发水平较低,规模较小,缺乏科学规划的指导。

目前,沿海滩涂开发的区域多局限于沿海滩涂和少量沿海沙洲,沿海滩涂开发的类型多以农业、渔业等为主。发展空间较小,且开发利用方向较为单一,海洋高新技术产业刚刚起步,许多领域仍处于空白。

② 滩涂开发投入不足,投、融资机制不活。

由于滩涂围垦开发,其投资大、风险高、效益低,投资回收期长,金融部门很少参与投资围垦,只能靠政府引导,吸纳社会资本投入,制约了滩涂围垦的发展;另一方面,随滩涂开发利用程度的逐步提高,围垦工程建设难度加大,而市场经济体制的建立及财税体制改革,对围垦的投入不断减少。

③ 科研投入不足,海洋环境监测体系有待加强。

尽管近几年来科技推广工作力度逐步加大,推广应用到滩涂开发中的各种科技成果越来越多,但总体上看,由于经济效益的因素,科研投入不足,目前滩涂开发科技含量不高,特别对江苏沿海的滩涂和水下地形、海洋水文等基础资料调查和新型技术研发明显不足,严重制约了科研工作顺利开展。

④ 基础设施配套不齐全,自身积累不足。

沿海滩涂地区的整体社会经济发展低于全省平均水平,自身积累不足。而外部由于观念和技术等方面的原因,对滩涂资源开发利用的投入很少,导致包括水利措施、农业措施、林业措施在内的基础设施不配套。

⑤ 要素市场发育不足,理念有待更新。

土地、金融等要素市场化程度低,劳动力流动市场不完备。在工业化和城镇化进程加快的条件下,城乡差距扩大,农民收入水平偏低,劳动力素质偏低、转移缓慢,影响了滩涂围垦开发的发展进程。同时,大部分社会群体受传统观念的影响,对沿海滩涂开发利用认识不足。

⑥ 沿海滩涂生态环境保护有待加强。

在工业化进程中,沿海滩涂承接的部分转移产业对当地的水源、大气和土壤带来的污染还没有正确评估；其次农药和化肥的不当施用、焚烧枯秆、随意排放农业垃圾等行为没有得到有效控制，给滩涂资源的持续利用和滩涂经济持续发展带来直接影响。

2.2.4　江苏沿海滩涂围垦开发总体布局

1. 主要任务

针对沿海滩涂地貌与动力特征及其冲淤特性，在考虑滩涂围垦与湿地保护，尤其是在自然保护区与河口湿地保护的基础上，充分满足连云港、大丰港、洋口港等沿海重点岸段发展用地需求和近海深水港口航道资源保护，确定规划围垦区的总体布局，确定各垦区位置与规模，布置垦区的堤防、促淤导堤等主体设施。

2. 垦区分类

分为边滩垦区和岸外沙脊垦区两类。边滩垦区是指在相邻入海河口之间、现海堤之外、三边匡围的垦区，具有地形高、滩地稳、水流缓等特点。岸外沙脊垦区是指在辐射沙脊群地面高的沙脊中心区的垦区，需四面匡围，主要布置在低潮滩面出露面积大、淤长迅速的东沙、高泥等沙脊上。

盐碱滩涂种植耐盐植物前后对比

3. 围垦总体方案

江苏沿海将新辟垦区 21 个，总面积 270 万亩（1 800 km²，见下图），其中连云港市 4 个垦区 10 万亩(67 km²)、盐城市 9 个垦区 131.5 万亩(877 km²)、南通市 8 个垦区 128.5 万亩(856 km²)。因此,2009—2020 年围垦方案将新筑围海堤防 700 km,新筑促淤导堤总长 155 km,大桥 2 座。

江苏省沿海围垦规划(2009—2020)

连云港市规划垦区 4 个,围垦面积共计 10 万亩(见下图)。规划垦区主要包括:绣针河口—柘汪河垦区(1 万亩);朱蓬口—临泽口垦区(2 万亩);临洪口—西墅垦区(2 万亩);烧香河—埒子口垦区(5 万亩)。

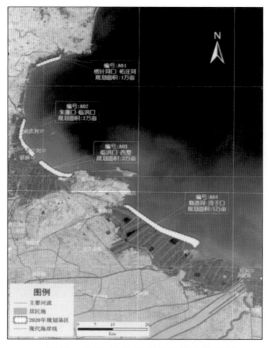

2009—2020年连云港市沿海围垦规划

盐城市规划垦区9个,围垦面积共计131.5万亩(见右图)。规划垦区主要包括:灌河口—三圩盐场垦区(2万亩);双洋港口—运粮河口垦区(2万亩);运粮河口—射阳河口垦区(3.5万亩);四卯酉—王港垦区(9万亩);王港—川东港垦区(10万亩);川东港—东台河垦区(5万亩);梁垛河—方塘河垦区(40万亩);高泥垦区(28万亩);东沙垦区(32万亩)。

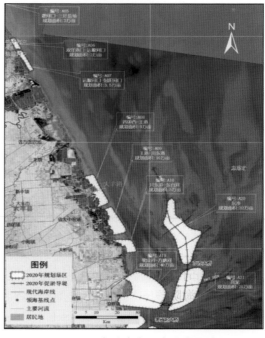

2009—2020年盐城市沿海围垦规划

南通市规划垦区 8 个,围垦面积共计 128.5 万亩(见下图)。规划垦区主要包括:方塘河—新川港垦区(8 万亩);新川港—小洋口垦区(6 万亩);小洋口—掘苴口垦区(18 万亩);掘苴口—东凌港垦区(32 万亩);腰沙—冷家沙垦区(44 万亩);遥望港—大唐垦区(10 万亩);大唐—塘芦港垦区(6.5 万亩);协兴港—圆陀角垦区(4 万亩)。

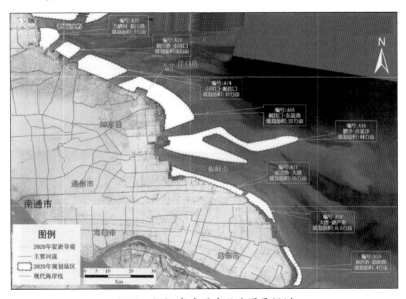

2009—2020 年南通市沿海围垦规划

4. 滩涂围垦区产业发展规划

依据经济梯度发展理论和江苏区域共同发展战略,充分利用沿海滩涂土地资源、海洋资源的自然优势条件,加大政策扶持力度,因地制宜地建设 6~8 个高标准开发区,大力开发沿海高标准的滩涂开发区,承接国际、国内经济高水平发展地区,特别是苏南地区的产业转移,融入全球产业链,优化产业结构和空间布局,实现苏东可持续跨越式发展。对围垦形成的土地资源,实施新的开发模式,促进土地集约高效开发。滩涂围垦利用以综合开发为方向,合理布局农林牧水产业、生态用地以及港口、产业、城镇建设用地。农业空间主要用于发展规模化种养业,建设国家商品粮、棉基地,开展生物燃料植物的规模化种植,培育海水灌溉农作物,占围垦面积 60% 左右。生态空间主要用于扩大自然保护区、湿地、水域和建设沿海防护林等,增强生态功能,维护海岸带生态平衡,占围垦面积 20% 左右。建设空间集中用于城镇、港口和临港产业的发展,占围垦面积的 20% 左右。

第3章
盐土及滩涂资源开发总体思路

3.1　发展背景

重点从区位、资源环境、人力资源、产业基础、基础设施等方面分析沿海开发的条件,从国际、国内和省内阐述沿海开发的重要意义,指出沿海地区自身发展存在的主要问题。

沿海地区综合交通运输规划示意图

3.1.1　发展条件

① 区位条件优越。江苏是长三角北翼重要组成部分,是北接渤海湾、西联中西部、东出东北亚的国家发展的重要战略区域,处于我国沿海、沿江和陇海兰新铁路沿线三大生产力布局主轴线的交汇区域。拥有我国中西部地区运输距离最短的出海口——连云港港。

② 资源环境良好。土地资源丰富,滩涂、盐田等土地后备资源得天独厚,水系发达,水资源较为丰富,地势平坦,海洋资源富集,生态环境优良,发展适宜性较强。

③ 人力资源丰富。人文历史悠久,教育水平较高,劳动力素质较强。

④ 产业配套力强。农业比较发达,工业产业体系较全,纺织、机械、汽车、化工等产业具有一定规模,产品配套能力较强。

⑤ 基础设施较好。苏通大桥、沿海高速、新长铁路等建成通车,连云港等沿

沿海滩涂面积开阔，土地平整可开发面积大

海港口发展较快，拥有三个机场，综合交通体系基本形成，电力、通信、水利等基础设施条件较好。

3.1.2 发展机遇

① 战略机遇期和国家的重视。21 世纪头 20 年，对我国来说，是一个必须紧紧抓住并且可以大有作为的重要战略机遇期。国家从江苏沿海带动全局发展的战略高度，提出了新的更高的要求。

② 国家促进区域协调发展的战略部署。长三角产业结构优化调整的内在需要日益紧迫，随着一体化进程加快，为沿海地区承接产业转移提供了发展空间。中西部地区加快崛起，对外开放步伐加快，迫切需要东部地区带动中西部地区发展，促进东中西协调发展。

③ 国际区域合作向纵深推进。随着经济全球化和区域经济一体化步伐加快，中亚、欧洲与东北亚地区之间的经济合作进一步加强，为本区更好地发挥新亚欧大陆桥桥头堡的作用，促进地区间的合作共赢创造新的机遇。

3.1.3 制约因素

① 中心港口作用不强。深水航道和深水专用泊位建设滞后，服务功能不健全，港口与产业发展紧密性不强。

沿海滩涂盐渍化景观图

② 工业化和城市化水平不高。沿海地区历史上以种植业和养殖业为主,工业发展相对滞后,中心城市实力不强,辐射带动能力较弱。

③ 开放程度不够。沿海地区发展长期以来受到自然开发条件的制约,连接国际、国内区域性的大通道及出海门户不够完善,对外开放步伐不快。

④ 环境保护面临一定压力。随着沿海地区及周边地区的加快发展,来自区域内部及淮河和沂沭泗流域尾水排放的压力有所增加,对沿海地区环境保护提出了更高的要求。

⑤ 区域合作和协调机制有待完善。沿海地区与新亚欧大陆桥沿线地区、东北亚地区缺乏有效的国际合作平台,与中西部、长三角、环渤海地区的联系与合作不够紧密。

3.2　战略定位与发展目标

3.2.1　指导思想

高举中国特色社会主义伟大旗帜,以邓小平理论和"三个代表"重要思想为指导,全面贯彻落实科学发展观,坚决转变经济发展方式,坚持走新型工业化道路,着力处理好开发与保护、集中与分散、工业与农业、城市与农村的关系,注重创新发展,优化空间布局,强化区域合作,不断提高综合实力和竞争力,努力把江苏沿海地区建设成为我国东部沿海地区新的经济增长点。

把科学发展观贯穿沿海开发全过程,坚持开发与保护并重的指导思想,明确依港兴工、以港兴海、集约开发、保护生态的开发思路,在加强保护中合理开发、综合利用,在加快发展中保护资源、优化生态。

以科学发展观为指导,以建设国家沿海经济强省为目标,以工业化和城镇化双力推进为动力,以区域性国际航运中心为战略定位,以建立国家新型工业基地和长三角重要农产品基地为契机,形成东部沿海具有较强竞争力的城市群,构建亚太地区重要生态功能区,抓住江苏省进一步扩大开放和沿海经济带建设的发展主线,引导沿海经济带快速、健康、有序地发展。

3.2.2　发展原则

① 坚持集聚发展。依托现有大中城市,推进城镇集聚发展。依托国家级和省级开发区,实施产业集中布局,促进形成产业集群。依托深水港口,实施节点

式开发,发展临港产业。

② 坚持保护式发展。在空间上明确保护的范围,划定禁止开发区域。在开发方式上提高准入标准,推进清洁生产,发展循环经济。加大污染治理和生态建设力度,实现可持续发展。

③ 坚持统筹发展。落实统筹兼顾的根本方法,优化城乡空间布局,统筹城市和农村发展,推进农业、工业、服务业融合发展。

④ 坚持开放发展。充分利用国际国内两个市场、两种资源,提高对外开放的层次和水平,积极参与国际分工,融入全球产业链。

⑤ 坚持合作发展。加强与新亚欧大陆桥、东北亚、长三角的经济技术合作,在推进合作共赢中谋求发展。

3.2.3　战略定位

① 面向东北亚、服务中西部、连接新亚欧大陆桥的东方桥头堡。进一步提升连云港新亚欧大陆桥东桥头堡的地位,增强港口功能,提高综合服务能力,成为中西部地区对外开放的重要门户。以连云港为核心,联合南通港、盐城港,共同建设面向海外、服务长三角的重要的现代物流基地。

② 全国重要的现代农业、新型临港产业协调发展的创新基地。发展优质、高效、生态、外向农业,发展高技术含量、高附加值、低污染、低消耗的临海基础产业和高技术产业,发展与工农业生产相配套、提高生产效率、降低交易成本的生产性服务业,促进产业间的相互延伸、相互支撑、相互融合,形成以高效农业为基础、现代临港产业为主体、生产性服务业为支撑的产业发展新格局。

③ 我国东部沿海地区自然生态良好、人居环境优美、城镇体系合理的人口集聚区。全面提升连云港、盐城、南通中心城市功能,发展壮大县城镇和临海城镇,形成网络化的城镇体系。充分利用区域生态环境良好的优势,发挥生态功能区的生态调节功能,建设生态城市。优化城市人居环境,增加公共服务产品供给,营造包容并蓄的文化氛围,增强对各类人才的吸引力,打造成令人向往的宜居地区。

④ 具有重大开发价值和巨大发展潜力的国家重要的土地资源开发区。江苏沿海是我国滩涂资源最丰富的地区,水资源、光热资源匹配良好,通过围垦可形成上百万亩土地,开发潜力巨大,开发价值很高,对扩展长三角发展空间、集聚人口和经济发展、缓解人多地少的矛盾、保障国家粮食安全等方面都具有重大的现实意义和长远的历史意义。

3.2.4　发展目标

经过十多年的努力,到2020年,把本区建设成为我国东部沿海地区重要经济区,成为新型临港产业基地、新能源基地、现代物流基地、现代农业基地、东中西合作发展示范区。即经济实力显著增强,人民生活普遍富足,可持续发展能力大为提高,科教水平全面提升,开放合作不断深入。

3.3　优化空间布局

3.3.1　优化空间结构

根据区域总体功能定位和资源环境承载能力、开发密度和发展潜力,将沿海地区划分为城市空间、农村空间和生态空间。调整优化城市地区和农村地区的空间结构,促进城乡统筹和集中集约集聚发展。

① 城市空间。合理确定城镇建设和产业发展空间,有序扩大中心城市和县城镇以及临港城镇和产业集中区空间。加强城镇绿化和生态环境建设,保障城镇生态空间。

② 农村空间。切实保护耕地资源特别是基本农田,确保粮食安全;保护渔业、林业、畜牧业生产空间,提高产业效率。综合开发利用滩涂资源,适度拓展农业发展空间,优化调整农村居民点,减少农村居住空间。

③ 生态空间。重点是自然保护区、水源保护区、海洋生态保护区等重要生态功能区的范围和面积,确定保护功能。

3.3.2　海岸带功能分区

根据自然条件和开发现状,将海岸带依功能划分为港口和工业区、海洋渔业区、海洋保护区、旅游休闲区、海洋能利用区、特殊利用区,实施合理开发。

虾贝混养

海水繁殖

滨海水产养殖与观光旅游业

3.3.3　空间开发格局

以连云港、盐城和南通三市的市区为依托,促进要素集聚,加快城市化进程;以沿海地区主要交通运输通道为纽带,加快沿线城镇发展,进一步强化腹地产业优势,注重发展特色产业;以临近深水海港的区域为节点,加快布局临港产业,建设临港工业集中区和物流园区,培育和壮大临海城镇,形成"三极一带多节点"的空间开发格局。

① 三极。重点加快连云港、盐城和南通三个中心城市建设。

② 一带。依托沿海交通大通道,形成沿海产业、新型城镇和生态走廊。

③ 多节点。以可建深水海港的区域为重要节点,依托临海重要城镇,集中布局建设临港产业。

3.4　加大土地后备资源开发

充分发挥沿海地区滩涂资源丰富的优势,对滩涂资源进行围垦开发,增加建设空间、农业空间、生态空间,为沿海开发提供有力的土地支撑。

3.4.1　合理围垦滩涂资源

根据滩涂资源条件,在科学规划的前提下,合理确定围垦范围和围垦方式,近期重点对海岸滩涂、辐射沙洲进行围垦开发,远期可考虑对浅滩沙洲进行大规模围垦开发。

3.4.2　高效利用围垦的土地资源

对围垦后形成的土地资源,按照空间结构的要求,合理确定建设空间、农业空间和生态空间的比例。建设空间实行土地用途管制,集中用于城镇、港口和临港产业;农业空间主要用于耕地总量平衡,发展规模化的养殖业和种植业;生态空间主要用于扩大自然保护区、湿地、水域等。

3.4.3　建立滩涂围垦开发新机制

探索建立统一规划、分步实施、按功能开发、属地管理、市场运作的新机制。

滩涂土壤优化施肥技术

滩涂土壤暗管洗盐

上农下渔利用

3.5　重大基础设施建设

重大基础设施是江苏沿海地区综合开发的基础和前提,应本着适度超前的原则,进一步加快重大基础设施的建设步伐。

3.5.1　综合交通体系

①　建设铁路大通道。重点为沪通铁路、沿海铁路、徐连客运专线,规划建设西煤东运专线、宁连铁路。

②　建设广域航空通道。重点推进连云港机场新(扩)建,提高盐城机场客货运能力,推动南通机场与上海航空枢纽的合作。

③　建设干线航道网。实施长江－12.5 米深水航道工程建设,推进连申线、淮河入海航道等干线航道工程建设,完善网络。

④　完善高等级公路网。按照"南北向通道畅通、东西向干线联通"的要求,形成"三纵十九横"高等级公路网络。

⑤　加强综合交通运输信息系统建设。

3.5.2　水利建设

①　强化水资源供给。完善沿海地区供水工程体系,完成南水北调东线一期、通榆河北延等工程,研究新辟临海引江供水干线,扩大水源供给和调水能力及水资源调蓄能力,提高沿海开发的供水保证率。

②　提高防洪保安能力。进一步完善沿海地区防御风暴潮和流域洪水的工程布局,实施新沂河、新沭河扩大工程,以及入海水道二期工程等,恢复和提高区域河道排涝标准,提高沿海地区防洪保安能力。

3.5.3　电网建设

加强沿海输电通道和过江输电网络建设。积极实施徐连、沿海等输变电工程,加快建设长江过江输电通道,增强"北电南送"能力。

3.6　滨海滩涂资源丰富地区农业发展的策略

我国农业发展面临着数量向质量,并向安全的方向的转变。农产品品质与质量,水土资源的质量,环境(污染)的质量,均是重要内容。在解决数量向质量转变的同时,必须充分重视农产品对人类(动植物)的安全的影响,这也是今后农业生物工程、品种培育、生态农业、有机农业与绿色食品发展必须考虑的新方向(余桂红等,2009)。

农业是各行各业的重要基础产业,各地区应当利用自身的区域和资源优势,大力培育特色农业和优势产品,促进产加销、贸工农一体化的效益型

海蓬子

农业生产经营体系的形成和发展,实现农业增效、农民增收目标。同时,应注意合理开发,有效保护水、土等自然资源,高度重视资源节约和综合利用,大力提高资源利用率,促进经济与资源环境的协调发展。

3.6.1　突出区域特色,发展特色农业

促进农业结构调整,建设特色生产基地。继续稳定粮食、棉花等传统大宗农产品的生产,培植和发展优质大米、高品质棉花、特色杂粮等,大幅度提高种植效益。加快形成区域规模种植、养殖特色优势。建成优质米、专用棉、双低油、无公害蔬菜、食用菌等生产基地。重点抓好优质大棚西瓜、芦笋、薄荷、中药材、花卉、蔬菜、林果、肉禽、特种水产品等有市场优势品种的生产。

菊芋

油葵

苦荬菜

籽粒苋

鲁梅克斯

常见的几种优质耐盐蔬菜

加速滩涂和海洋资源开发,发展海洋经济。把滩涂开发和海水养殖作为海洋经济发展的重点,主攻浅海围栏养殖,大力发展贝类、沙蚕、藻类养殖。加快沿海现有鱼塘的开发利用,建设沿海贝类生产基地,促进海洋经济加速发展。加快滩涂围垦步伐,进行内部配套和土壤改良,种植粮食和油料作物的同时,大力发展市郊经济作物。推广应用秸秆生物发酵技术,利用沿海农作物秸秆,发展食草畜牧业。

加快新品种新技术推广,提升农产品质量。围绕高产优质,加快粮棉油新品种引进,加快蔬菜品种更新。大力实施增钾提质工程,全面推广水稻、棉花化调技术,稻麦油抗倒技术,推广应用多种高效、低毒、低残留的化学及生物农药,全面提升农产品安全质量。建立和扩大无公害、绿色农产品和有机食品生产基地,跟踪国际农业发展趋势,推行国际标准,不断加大优质农产品出口比重。

3.6.2 推进产业化经营，化资源优势为经济优势

应充分利用资源优势，实现"资源、产品、产业、经济"的转变。带动农业从分散向综合、从产品向加工、从低效到高效、从资源型向知识经济型转变，其核心是农业与工业及企业相结合的农业产业化。

加快市场开发，发展订单农业。市内依托集镇和交通主干道建立各类专业市场。与沪、宁、杭等大中城市市场建立合作关系，设立销售窗口。加强与各大超市的联系，建立配送中心，发展连锁经营。定期邀请大中城市市场发布市场信息，签订收购合同，组织市场对接。

野生中华补血草　　　　　　　　　　南盐 1 号

常用耐盐中药材

推进龙头企业建设，增强牵引带动能力。围绕农产品加工增值，全力抓好龙头企业建设，促进优质棉、专用麦、双低油、无公害蔬菜等产业的发展，带动全市农户走上致富路。发展农业产业化龙头企业，鼓励龙头企业与农民建立风险共担、利益共享的新型产销关系，共同抵御市场风险。发展一批农民专业协会，提高农民组织化程度，形成粮食、蚕茧、蔬菜、西瓜、芦笋、林果、香料、药材、食用菌和畜禽、水产等专业生产合作社。

注重品牌建设，提高农产品竞争力。充分利用农副产品的资源优势和农业产业化的良好基础，立足国内和国际两个市场，积极引进和采用先进适用型技术，促进面粉、高档低芥酸油脂、奶制品、植物素提取等生产企业的发展，积极开发特种种植、特种养殖及蔬菜和深加工产品，发展功能型饮料、绿色食品以及方便、营养、保健、休闲系列功能性食品，争创让消费者放心的食品品牌。

促进农业投入多元化，提高农业外向化水平。大力开发工商资本、民间资

本、外资资本进军农业,提高农业投入的多元化水平,促进农业的快速、稳定、健康发展。

耐盐植物菊芋深加工产品

3.6.3　加大投入管理,提高技术水平

加强农业基础设施建设,改善农业生产条件。积极改进对农业的保护措施,实施符合市场经济要求的农业政策,逐步加大农业综合开发力度,增加农业基础设施建设的投入,重点实施水源工程、堤东灌区续建配套与节水改造工程、城市防洪工程、海堤达标建设、滩涂开发等水利工程项目,加快中低产田改造和高产稳产田建设。大力推进农业机械化,稳步提高农业机械化水平。

加大科技投入,提高农业生产技术水平。健全农技服务网络,稳定农业技术队伍,初步建立适应农业经济发展要求的农业科技服务体系。加强农业科技培训,充分发挥农业科技干部和科技示范户在农业生产中的科技示范指导作用。通过提纯复壮等多种措施,选育、繁育新品种,重点开发名特优新产品。改进和提高作物栽培技术,引进国外先进的农业生产设施和设备,综合运用无土栽培、转基因等先进科技,组织实施农业科技重点项目攻关,在畜禽渔蚕桑生产、农作物及畜禽病(疫)综合防治、农产品贮藏、保鲜及深加工技术上取得突破。

加快农业科技示范园区建设,提高示范辐射功能。抓好省级科技示范园区、国家(省)支柱产业和市农业科技综合示范基地以及科技示范乡镇建设,建立观光农业、创汇农业和现代农业示范基地,发展园艺农业,创立农产品商标和品牌。坚持高起点规划、高新技术引路、高标准建设,实行多元化投资、产业化经营、企业化管理,使园区成为科技成果的转化基地、科技知识的培训基地、新型生产经营机制的示范基地。

3.6.4 沿海地区农业主导型地区发展范例——大丰市滨海盐土推广应用

1. 大丰滩涂大面积蓄水种养成果应用背景

大丰发展史就是一部滩涂自然淤积与人类改造的历史,大丰现有棋盘式农业生产布局就是大丰人民多年来改造利用滩涂伟大成果的体现。黄海的潮涨潮落,将大丰滩涂平均高潮线以每年50米速度向东外推,高潮位以上滩面平均以每年2.3厘米速度淤高,大丰滩涂以每年净增2万亩的速度不断向东拓展。在多年的演变发展中,成就了大丰广袤的滩涂资源。滩涂这片处女资源也成为大丰市非常珍贵的后备资源。

滩涂匡围前地貌图

大丰属于亚热带与暖湿带的过渡地带,年平均气温14.1℃,无霜期213天,年降水量1042.2 mm,日照2238.9小时。四季分明,气温适中,雨量充沛,是滩涂大面积蓄水种养的重要前提,适宜多种动植物的生长。至2009年,大丰市滩涂面积174.7万亩,其中:已围垦滩涂72万亩,未围垦潮上带23.2万亩,潮间带79.5万亩。由南京农业大学等单位承担的"高效滨海盐土农业技术创制及推广应用"项目在淤进型的湿润地区海涂,依据生态位原理,充分发挥种间偏利的潜力,根据滨海盐土演化序列——滨海重盐土—滨海强度盐渍化土—滨海中度盐渍化土——创建了"前后衔接、有序过渡"的高效利用模式,不断提升不同层面的复合农业水平,使得滨海滩涂农业从模式创建到核心技术攻关,一步一步走向成熟,经济效益逐渐显现,使该项成果从示范基地走向千家万户。

2. 滩涂盐碱地蓄淡水养殖概况

大匡围高水体生态养殖模式是在全市沿海滩涂区以水改土、粗放型苇鱼养殖模式的基础上,改粗养为精养,提高产出,加速生态演替而成的。它充分利用原有苇鱼养殖的匡格堤埝,抬高水位,进行加土补堤,为减少土方工程量,降低投资而设计的一种淡水养殖生态工程模式。其优势有:一是提高了土地利用率;二是利于规模化生产;三是便于高效管理;四是提高淡水资源的利用率。

主要做法:一般按每匡为一个塘。参照沿海滩涂农田建设规划,每匡为 10 条田,每条田宽为 100 m,即东西宽度为 1 000 m,安排开挖一条中沟。中沟标准:底宽 5 m,挖深 $-5 \sim -10$ m(以废黄河口为 0 m 基准),坡比 1∶3,留青坎 5～8 m。

大丰市有海淡水养殖面积 65 万亩,2009 年水产品总产量 14.62 万吨,产值 22.1 亿元,实现农民渔业人均增收 80 元。其中滩涂蓄淡水养殖 21 万亩,92% 为规模养殖场,产量 7 万多吨。以异育银鲫为主综合养殖,并推广应用了"双机一饵三菌＋疫苗"(即:增氧机、自动投饵机、颗粒饵料、EM 菌、光合细菌、芽孢杆菌、草鱼疫苗)等实用技术,提高了饲料利用率,增加了单位面积产量和经济效益,平均亩产量由过去的 0.35 吨提高到现在的 0.65 吨以上,亩效益从过去的 600 元增加到现在的近 2 000 元。

大匡围高水体养殖区现状图

3. 滩涂匡围区域种稻洗盐改土概况

大丰沿海滩涂匡围种稻主要起始于 20 世纪 90 年代中期,首先在竹川垦区栽植水稻,该区域围垦面积 19 000 亩,于 1983 年冬匡围,1995 年在区域内完善沟河渠道,蓄水栽植水稻。随着技术的进步,新匡围区都能同步做好引淡和蓄水的基础工程,一般历经 2～3 年即可种植水稻,当然这要视养殖和种植的比较效益而定,但最显著的差别是,对新围垦滩涂盐碱地的改良利用周期大大缩短,同期的经济社会效益显著提高。

到 2010 年底为止,大丰市沿海滩涂共发展水稻种植面积达 8 万亩,成为大丰版图上种植业的新创举。实践中,我们也注意到水稻品种对盐分的耐受性也有明显的差异:通常粳稻比籼稻强;粳稻中花培系列表现更为突出,如花寒早,其中地方品种又相对较好,如淮稻 5 号等均显示较好的抗耐盐特性。一般经水稻种植 2～3 年后,土壤表层含盐量从 0.45% 左右下降到 0.15% 以下,改土洗盐效果明显。随着国家对粮食生产安全的高度重视,每亩水稻的生产效益也逐步提升,一般亩纯收益达 600 元左右。

竹川匡围区水稻种植现状图

4. 耐盐植物利用情况

2000 年大丰沿海滩涂区域部分农户从南京农业大学等引进抗盐耐海水蔬菜及综合栽培技术,开创了大丰滩涂盐碱地发展种植业的先河,2008 年引进南菊芋 1 号、油葵、菊苣、耐盐油菜等耐盐特质植物新品种。其中,至 2010 年底,大丰港盐土大地农业发展有限公司抗盐耐海水蔬菜生产规模达到 6 000 多亩,其中设施栽培达 400 亩,种植品种有 12 个;引进各类耐盐苗木品种 48 个,并建立扩繁中心、苗木生产基地、有机肥生产车间等。该公司正规划建设耐盐蔬菜、菊芋等精深加工生产线,以延长耐盐经济作物的产业链,扩大产业规模,促进农民增收,农业增效。

耐盐蔬菜设施栽培

大丰港盐土大地农业发展有限公司耐盐蔬菜大田生产场景

耐盐苗木扩繁

盐土农产品加工区

5. 盐土大地农业科技园概况

　　大丰地处国家沿海开发的核心区域,滩涂资源丰富,其科学开发与利用,关系重大,意义深远。2010 年 7 月,大丰市委决定在大丰港经济区创建"大丰市盐土大地现代农业科技园",园区规划建设面积 1 万亩,核心区 3 000 亩,项目总投资 4 亿元人民币,由江苏大丰盐土大地农业科技有限公司承建,公司注册资金 5

000 万元,为国有农业科技型企业。

科技园建设突出二个重点:

重点一:搭建一个平台,即盐土农业研究院(研发中心)。主要以科研院所为依托,形成产学研联合,侧重于盐土生物技术的研发,着力从新品种选育、生产关键技术攻关、产业化过程等方面突破。

盐土大地现代农业科技园鸟瞰图

重点二:打造五大盐土特色产业。一是盐土农产品生产及加工;二是耐盐苗木资源引进、扩繁及在滨海盐碱地园林绿化、生态防护林建设上的应用;三是生物质能源类植物的生产示范及综合开发;四是高档海珍品养殖研究示范与推广;五是盐土农业科普教育与生态观光。

3.7　东北地区盐碱土特征及其农业生物治理

土地盐碱化与次生盐碱化,是当今世界土地退化的主要问题之一。我国东北地区盐碱土面积 3.84×10^6 hm^2,约占全区总面积的 3.1%,其中盐碱土耕地总面积 1.28×10^6 hm^2,占全区总耕地面积的 6.8%;已治理盐碱土耕地面积 5.71×10^5 hm^2,占全区盐碱土耕地总面积的 4.7%。东北地区是我国土地盐碱化最严重的地区之一,同时也是世界三大苏打盐碱土集中分布区之一,如下表所示。

东北地区盐碱土面积统计表

分布地区	盐碱土面积($\times 10^4$ hm^2)	盐碱土耕地面积 ($\times 10^4$ hm^2)	已治理盐碱土耕地面积 ($\times 10^4$ hm^2)
东北地区	384.15	127.62	57.06
辽宁省	90.67	38.65	29.28
吉林省	140.00	27.43	1.98
黑龙江省	146.67	56.22	21.55
内蒙古东四蒙	6.81	5.32	4.25

3.7.1　东北地区盐碱土分布

东北地区盐碱土主要集中分布在:① 松嫩平原西部,该区有广泛的闭流区和矿化度很高的无尾河,目前盐碱土面积达 $3×10^6$ hm^2,而且仍以每年 $2×10^4$ hm^2 速度快速增长。该区盐碱土被嫩江和松花江分割成南北两大块。南片以吉林省镇赉、洮南、通榆、乾安、农安、前郭等县为集中分布区,北片以黑龙江省的安达、肇州、肇源、杜蒙、林甸、大庆、龙江、泰来等县市为集中分布区,如下表所示。② 西辽河平原冲积低地,丘陵间低地,封闭盆地及古河道等地区。③ 辽西西侧的小柳河、绕阳河和大小凌河中下游地区,辽河平原北部辽河中游河谷也有分布,包括辽宁省的黑山、台安、新民、康平、彰武、法库等县。上述地区统称为内陆盐碱土区,土壤以苏打盐碱土为主。④ 辽河平原南部临渤海的滨海地区,包括营口、盘山、凌海和大洼等市县,土壤以氯盐为主,称为滨海盐碱土区。

松嫩平原盐碱土集中分布区域

县(市)	盐碱土面积 ($×10^4$ hm^2)	盐碱土占土地总面积(%)	盐碱化程度			备注(盐斑率)
			轻度(%)	中度(%)	重度(%)	
镇赉县	18.84	35.0	27.2	21.3	51.5	
洮南市	8.16	9.5	23.2	27.2	49.6	
通榆县	36.55	43.1	50.8	27.4	21.8	
大安市	30.37	62.3	20.0	6.0	74.0	
前郭县	19.57	30.6	49.7	19.7	30.6	
扶余市	12.84	22.2	58.8	9.2	32.0	轻度:<30%
农安县	9.98	34.4	73.0	20.0	7.0	
长岭县	16.61	29.2	36.6	37.4	26.0	中度:30%~50%
乾安县	18.03	39.7	22.9	34.6	42.5	
龙江县	6.35	10.3	5.2	91.2	3.6	重度:>50%
杜蒙县	11.74	19.4	—	92.8	7.2	
大庆市	28.8	59.43	32.1	33.2	34.7	
安达市	15.73	43.9	27.8	13.7	58.5	
肇源县	10.92	26.8	39.5	3.1	57.4	
肇州县	6.65	27.1	20.3	—	79.7	

3.7.2　东北地区盐碱土成因分析

1. 自然因素

自然因素主要包括气候、地形、水文地质、冻融作用等。水文地质因素为盐碱化提供了物质基础和发育空间；气候因素决定了盐碱化发生的必然性，特别是冻融作用不能被忽略；地形因素对盐碱化则产生更为直接的影响。

水文地质因素：东北地区大部分浅层地下水地处半封闭式的蓄水盆地，再加上低平的地形地貌特点，使地下水流动滞缓，地下水排泄方式以蒸发为主。本区地下水埋深 1.5～3 m，矿化度 2～5 g/L，高者达 10 g/L，盐分以碳酸盐为主，且含有大量代换性 Na^+。因此，局部地区的浅层地下水、高地下水矿化度以及主要靠蒸发调节的弱地表径流，这些东北地区特有的水文地质因素加速了本区土地盐碱化的发生与演变。如松嫩平原三面环山，周围高地岩石风化后，地表径流和地下径流携带大量可溶性盐类（主要是 $NaHCO_3$ 和 Na_2CO_3）向平原区汇集，每年可达 15 万吨，使得该片土地盐分含量不断增加。

气候因素：我国东北地区属于北温带半湿润大陆季风性气候，本区降水集中，夏季降水占全年降水量的 70％～80％；春季少雨多风，十年九春旱，使得春季蒸降比远大于年均蒸降比。由于干燥度较大，土壤水的毛管上升运动超过了重力下行水流的运动，土壤及地下水中的可溶盐类随上升水流蒸发、浓缩，不断累积于地表。如吉林省西部平原，在强烈的季风影响下，全区年降水量 400～500 mm，而年蒸发量高达 1 206 mm，年蒸发量是降雨量的 3 倍左右，而春季蒸发量为降水量的 8～9 倍。

冻融作用：冻融作用与东北地区土地盐碱化的关系十分密切，但其影响一直为前人所忽视。本区每年有长达半年的冻结期，不但冻结期长，而且冻层厚度大，一般可达 1.2～1.5 m 左右。在黑龙江省南部、内蒙古东北部、吉林省西北部冻土层可超过 3 m。除存在春季强烈积盐和秋季返盐两个积盐期外，本区还存在伴随土壤冻融过程而同步发生的"隐蔽性"积盐过程。在土壤冻结过程中，结冻使土壤冻层与非冻层的地温产生一定差异，底层土壤水盐明显地向冻层运移，引起土壤毛管水分向冻层移动，盐分也随之上升，在冻层中累积，冻层以下土壤水分和盐分含量下降；同时地下水不断借毛管作用上升补给，使水分和盐分不断向冻层移动，所以造成水盐在冻层中大量累积。冬季"隐蔽"积盐过程与地下潜水有直接的联系。当春季来临气温回升，地表蒸发逐渐强烈，使冬季累积于冻层中的盐分，转而向地表近乎"爆发式"地聚集，这种过程直至冻层化通为止。在冻层化通之前,它像一块隔水层,隔断了冻层之上土壤水分与冻层之下潜水的联系。因此,东北地区春季强烈积盐的实质是冬季冻层中大量累积的盐分随着春季蒸发在地表的强烈聚集,而与潜水位并没有直接的联系。

地形因素:东北地区的地形主要是新构造运动中上升并受不同程度切割的高平原、台地和阶地地貌,多为波状起伏的漫岗,地形比较开阔,坡度比较小,微地形极为复杂。本区有较多的江河及各支流,如松花江、嫩江、乌苏里江、洮儿河、蛟流河等,加上区内夏季降雨集中,这些地表水绝大部分不能通过河道或地下径流及时排往区外,而停留在区内地势较低的河湖漫滩上或汇集在局部洼地中,从而使得水分平衡主要靠蒸发来调节。水中携带的盐类累积下来,使区内半内流区和闭流区的地表水、地下水逐渐被矿化,土壤也逐渐盐碱化。

2. 人为因素

缺乏完善的排水系统:排水不畅、缺乏完善的排水系统是造成土地盐碱化的重要原因。

东北地区从 20 世纪 50 年代末以来修建了不少大中型灌水渠和平原水库,由于工程不配套,仅修了灌溉工程,未修排水工程或田间工程,不能及时将灌区内多余灌溉积水排出去,抬高了地下水位,促使和加剧了土地次生盐碱化的发生。如松嫩平原西部,20 世纪 70 年代修建引嫩工程,每年引大量嫩江水进入该区,由于工程不配套,导致耕地中的次生盐碱化面积 1980 年比 1959 年增加23.7%。

不良灌溉管理和灌溉技术:在东北地区灌区开发后大量引入河水。

由于灌溉定额过大和灌溉技术不完善,除一部分引水渗漏损失外,送入田间的水大量渗入地下,结果抬高了地下水位。此外,水田灌区管理不善,常采用大水漫灌,使地下水位抬高,盐分上升;或在排水条件不好的情况下水旱田插花种植,地下水位上升,引起次生盐碱化。而后,不得不大量引水采用大水压盐的办法,造成盐碱化与次生盐碱化的恶性循环。

农业技术措施不当:农业技术措施使用不当,会加重土壤盐碱化的程度。

由于受传统习惯的影响和经济条件的限制,东北大部分地区仍沿袭着广种薄收、粗放经营的生产方式。重用轻养、重化肥轻农肥、重产出轻投入,这种掠夺式的经营方式,使全区土壤养分平衡失调,有机质含量下降,土壤理化性状渐趋恶化;再加上种植结构单一,地面作物覆盖率低,促使土壤盐碱在表层强烈积聚。当耕地发生盐碱化后,由于未及时采取措施,进行精耕细作,培肥改土,从而加重了该区耕地盐碱化的程度。

过度垦殖：对土地资源的过度垦殖，如滥垦、过牧、伐薪、采药等都是导致土地盐碱化的不良经济行为。

二十世纪五六十年代，由于没有因地制宜利用土地资源，东北地区盲目开展了大规模的垦荒运动，包括毁林开荒、开垦草地，使农业生态环境受到严重的破坏，发生了大范围的土地盐碱化，形成了"越垦越穷，越穷越垦"的恶性循环。1958—1984 年的 26 年间，由于不合理地利用草地，如过度放牧、割草、搂柴、烧荒和挖药等，吉林西部草地盐碱化面积增加了 1.65×10^5 hm²，平均每年增加 6 875 hm²。

3.7.3　东北地区盐碱土特征

与我国其他几大盐碱土集中分布区如黄淮海平原、河套平原和西北干旱半干旱区等相比，东北地区盐碱土有明显的自身特点。

① 盐碱类型以苏打盐碱化为主。本区地下水埋深 1.5～3 m，矿化度 2～5 g/L，高者达 10 g/L。地下水和土壤盐分组成以碳酸盐为主，呈强碱性反应（pH 9.0～10.0），代换性 Na^+ 百分率（ESP）较高，因此对作物危害更大。

② 该区属寒温带大陆季风气候区，受西伯利亚寒流影响，有保持半年的冻土层，深 1.2～1.5 m。冬季"隐蔽性"积盐与春季强烈积盐过程均与冻融作用有直接或间接的联系。

③ 草地盐碱化占比例重。东北羊草草原已有 60％的草地出现不同程度的盐碱化，且以每年 1.5％～2％的速度递增；松嫩平原盐碱化草地面积 2.4×10^6 hm²，占松嫩平原草地的 2/3 以上；吉林省西部草地有 30％～50％已变成碱斑裸地。

3.7.4　东北地区盐碱土农业生物治理措施

农业生物措施可以减少土壤蒸发、防止返盐、降低土地盐碱化程度，还可使土壤中现有盐分重新分配，使表层含盐量降到作物耐盐极限以下，保证作物出苗生长，达到合理利用盐碱化耕地的目的。由于东北地区的盐碱化特征不同于其他地区，所以农业生物治理措施也表现出明显的区域特点。

1. 种稻洗盐（碱）

在一定的水源和良好的排水出路条件下，种植水稻是治盐（碱）改土、争取农业增产的有效措施。其优点是边利用边改良，在利用中改良。在种植水稻的过程中，土壤中可溶性盐类，随着换水渗水，排出田块以外，或渗到土壤底层，因而脱盐(碱)效果显著。盐碱土种稻改良的技术关键是实行成片规模化开发,建立完善的灌排工程体系,实行单灌单排,保证洗碱灌溉定额,并将稻田水排泄到外流河中去,以保证不发生异地次生盐碱化。1984 年以来,松嫩平原苏打盐碱土区,通过发展种植水稻 1.33×10^6 hm²,单产由原来的 3 000 kg/hm² 提高到 5 250 kg/hm²;黑龙江肇源县 1975 年在盐碱土上种植水稻 17.33 hm²,单产达 4 050 kg/hm²,隔年种植面积扩大到 133.33 hm²,单产就达到了 4 598 kg/hm²,到 1985 年水稻单产已为 6 338 kg/hm²。另经测定,土壤在种稻前 0～40 cm 土层平均含盐量为 1.87 g/kg,通过种稻洗盐,含盐量下降到 0.62 g/kg,pH 由 9.1 降到 8.1,改良效果显著。生产实践证明种稻洗盐改良盐碱土确实效果显著。

需要指出的是盐碱化耕地种稻,除了要有水源保证外,还必须要有健全的排水系统,切忌盲目扩大稻田面积和水、旱田插花种植。

2. 耕作措施

合理的耕作制度: 采用合理的耕作方法(如浅翻深松耕作、旋松带状耕法)不仅可以疏松土壤,打破不透水层,而且可以促进耕层盐分迅速随水分下渗,提高土壤散墒作用,对次年春季盐分的回升起到控制作用。中耕除草可以破坏毛细管作用,防止盐分上升,提高土壤温度,增强土壤透性,促进幼苗根系发育和幼苗生长。黑龙江省安达县通过在轻度盐化草甸土上种植大豆,松土深度达 30～35 cm,当年大豆增产 44%。

此外,推广轮、间、套等多种耕作制,如草田轮作、套种绿肥等,不仅能增加土壤有机质和速效养分,而且可以改善土壤物理性状和耕性,抑制土壤返盐。据河套灌区改碱试验,套种草木后,土壤体积质量(容重)由 1.42 g/cm³ 下降至 1.37 g/cm³,孔隙度由 46% 上升为 48.3%,全盐含量仅为未套种的 55.9%。

科学整地: 耕地盐碱化的发生常与地表不平整有关系。据禹城改碱试验区的研究,在相同的土质和水文地质条件下,盐斑的部位一般要比邻近的地面高出 2～5 cm,从盐斑的边缘到中心,盐碱逐渐加重,所以科学整地对改良盐碱化耕地极为重要。但必须注意的是,平整土地后也要留有一定的坡度,以保证灌区水浇地灌水时行水顺畅。一般渠灌的地面坡度为 1/400～1/800,井灌的地面坡度为 1/300～1/500。

换土改碱斑: 碱斑是苏打盐碱土在地面的表露,是寸草不生的光板地。对于一些表层碱斑呈零星分布、不易通过大面积的生物改良措施在短期内达到改良效果的盐碱土,换土以改变碱斑土壤的理化性状是一种经济有效的措施。具体做法是:把表层土挖出运走,挖深约 1 m,以见较松的底土为止;然后,底层垫一些砂子、炉渣等隔碱,上层再填上 30~50 cm 的好土。黑龙江省青冈县新村采用换土改碱方法,搬走碱斑 400 余块,造田 5.4 hm²,结合开挖田间排水沟,盐碱危害得到治理,粮食单产由原来 975 kg/hm² 提高到 3 000 kg/hm²。

3. 培肥措施

提高盐碱土的肥力状况是其农业生物改良利用的关键,有机肥与无机肥配合施用的平衡施肥是盐碱化培肥改良的重要原则。盐碱土 N、P、K 和 Zn 营养元素缺乏比较突出,由于盐碱土 Na$^+$ 和 HCO$_3^-$ 含量很高,土壤溶液呈碱性,N 肥应以 NH$_4^+$ - N 和尿素为宜;P 肥应以磷酸二铵、重过磷酸钙为佳;K 肥以硫酸钾为佳。肥料用量根据作物种类、品种、土壤肥力及盐碱化程度等条件的不同而异。施肥的基本原则是适量为止,不宜过多,以免造成次生盐碱化、土壤酸化或者对土壤结构造成不良影响。

增施有机肥:在盐碱土上增施有机肥,能增加土壤有机质含量,提高土壤的缓冲性能,改善耕层结构及物理性状,减少地面蒸发,有效地控制土壤毛细管水的强烈上升,从而显著地减轻地表积盐。有机肥主要原料有畜禽粪、秸秆、石灰、枯草等,可通过过圈、坑沤、堆制、过腹等形式积攒农家肥,秸秆、根茬可利用机械粉碎直接还田。

黑龙江省肇源县城郊,由于长期以来施肥结构过于单一,盐碱化耕地越种越板结,单产不超过 1 500 kg/hm²,通过增施优质农家肥后,单产超过 3 750 kg/hm²。据研究,松嫩平原通过向盐碱斑上施枯草以改良草地盐碱化,施枯草(1.5×10⁴ kg/hm²)两年后,pH 由 10.05 降至 8.53,含盐量由 5.6 g/kg 降至 2.5 g/kg,碱化度由 64.59% 降至 35.76%,体积质量下降了 0.61 g/cm³,孔隙度提高 16.02%,而且效果随着施枯草量的增加而增强。

种植绿肥:盐碱土种植绿肥,并实行草田轮作可以增加土壤有机质和速效养分,也可以使土壤体积质量变小,孔隙度增大,渗透性增强,不但有利于作物生长,而且有利于排水洗盐。吉林省通过种植绿肥大面积压青增加土壤有机质,每年压青 1~2 茬,连续 3 年后,耕层有机质达 7.9 g/kg,使盐碱土达到半熟化和熟化程度。据试验,盐碱化耕地在种植田菁前耕层(0~20 cm)含盐量为 3.04 g/kg,压青后则降到 1.65 g/kg,减少 1.39 g/kg,脱盐率达 44.7%;而未种田菁的晒旱地(留麦地)的耕层含盐量前后仅减少 0.75 g/kg,脱盐率为 23.7%,压菁比留麦地脱盐率高 21%。常种植的绿肥品种有草木樨、黑麦草、苜蓿、田菁、绿豆、大豆等。在我国的盐碱化地区,种植绿肥、实行草田轮作已被多年实践证明是行之有效的措施,应努力加以推广。

4. 种植耐盐植物

耐盐植物包括耐盐作物(粮食作物和经济作物)和耐盐牧草。种植耐盐作物,可以提高盐碱化耕地的利用率,扩大盐碱化耕地的种植面积。其关键是在盐碱化程度不同的耕地上,选种相宜的耐盐作物。不同作物的抗盐能力是不同的,耐盐(碱)能力较强的大田作物有:玉米、向日葵、苏丹草、甜菜、大豆、红麻、棉花、高粱、大麦等。但作物的耐盐能力和作物的不同生育时期、不同品种以及土壤肥力、农业技术、土壤水分、温度等因素有密切关系。

盐碱化草地在东北地区盐碱土上占相当比例,耐盐(碱)牧草的筛选与种植对保护东北地区草地资源及促进畜牧业发展有着重大的意义。目前针对盐碱化草地土壤,国内开展了大量的水盐动态模拟研究。羊草是松嫩平原盐碱化草地上的优势植物,是耐盐碱性较强的一种优质牧草。它的生态分布幅度很宽,能和獐毛、碱茅和碱蓬等耐盐碱性较强的植物组成混合群落。在松嫩平原南部种植虎尾草以改良盐碱化草地,封育 4 年后光碱斑已全部被植物覆盖,群落产量达 450 g/m²,其中羊草约占总产量的 45% 以上。松嫩平原四方山军马场从 1964 年开始试种羊草,现种草面积已发展到 3 000 hm²,平均产干草 1 500 kg/hm² 以上。人工种植的羊草从第 2 年开始,密度逐年增加,第 4 到第 8 年羊草的密度与产量已比较稳定,覆盖度达到 80% 以上,大大降低了碱斑面积。

5. 生物排碱

所谓生物排碱就是大力植树造林。植树造林可以改善农田小气候,对土壤水盐运动进行调控,将土壤蒸发转变成植物蒸腾或水面蒸发。同时,树木的强大根系和庞大的叶面积,可以降低地下水位,通过抑制土壤蒸发控制土壤表层积盐(碱)。综合各地试验资料,林带影响蒸发的最大范围可为树高的 25～35 倍。在树高 10 倍处,可减少水面蒸发 11%～30%;树高 20 倍处,可减少 4%～10%;树高 20 倍范围以外,可减少 3%～6%,且林带格网密度与蒸发量呈反比。松嫩平原安达市中本村盐碱土综合治理试验区,营造林带 4 条,林木覆盖度达 5.3%,试验区基本上达到树成行、林成网,建立了合理的农田生态体系。试验区结合林带的兴建,修建排灌沟渠各 5 条,实现了旱能灌、涝能排。同时采取了掺砂改土、浅翻深松、种植绿肥、增施有机无机肥料等一系列农业生物技术措施,把一个旱、涝、风蚀、盐碱的低产地区,变成了高产稳产的粮食基地。

常种植的耐盐（碱）乔、灌木有沙枣、怪柳、白蜡树、沙棘、枸杞，这些树种耐盐碱、抗旱、耐涝，能在土壤盐分 7.0～10.0 g/kg 的环境下生长；绿萍耐盐碱和贫瘠，是重度盐碱土改良的好品种，有蓄水、淋盐、增肥和改土的多重效果。在沟渠两侧种植，不仅可降低地下水位，还可减少水土流失，防止塌坡淤积，巩固农田工程效益。

3.7.5 东北地区盐碱土农业生物治理的几点建议

1. 因地制宜，合理采用农业生物治理措施

对于轻度和中度盐碱土，推行以自然恢复与农业生物改良相结合的措施。由于本区夏季雨热同期，降水后表层土中的可溶性盐分可被雨水淋溶冲入低洼地或随水下渗到土壤深层，在短时间内可使表土层的含盐量及 pH 下降，此时即为季节性的可恢复盐碱化。此时应掌握时机实施农业生物改良措施，使有害盐类不能上返，加快盐碱土逐渐向良性方向转化。

对于重度盐碱土，施加化学调节剂改善土壤的理化性质是一种经济有效的措施。化学调节剂对调节土壤 pH 和碱化度、改善土壤的理化性状有快速显著的作用。常用的化学调节剂有石膏、磷石膏、黑矾等。经处理后的重度盐碱土再适当采用一些农业生物措施，不仅可起到降低土壤盐分的作用，而且可以培肥地力，提高土壤有机质，为土壤的熟化提供必要条件。

盐碱土的治理，在很大程度上是对区域水盐运动的调节，因此其治理要从水的管理入手，重点是排水问题。

2. 走综合治理与开发的道路

东北地区土壤盐碱化是多种因素综合作用形成的，因此在开发和治理中要走综合的道路，正确处理好利用与改良，包括水利工程改良措施、农业生物改良措施和化学改良措施的关系。① 治理方法上的综合。根据不同的条件，将水利工程措施（灌溉、排水、放淤等）、农业生物改良措施（平整土地、深翻改土、增施有机肥、种植绿肥、种植耐盐作物等）和化学改碱措施（施石膏、磷石膏、糖醛渣等）结合起来。② 注重经济效益、生态效益和社会效益的结合和统一。注意调整作物布局，发展多种经营和畜牧业，抓住改土的关键措施，建立高产、稳产、优质、特色、低耗的生产技术体系和用地养地相结合的农业结构。

3. 建立盐碱化监测组织，为农业生物治理提供决策支持

地理信息系统（GIS）是一种采集、存储、管理、分析、显示与应用地理信息的计算机系统，可以为土地利用、资源管理等提供设计、规划和管理决策服务。建立盐碱退化信息系统及盐碱退化预警系统，可以利用遥感、地理信息系统和

GPS 全球定位技术,使快速、经济、准确、动态监测土壤盐碱化成为可能,以便即时掌握本区盐碱土数量和盐碱化程度的动态变化趋势,为盐碱化危险度评估和盐碱退化农业生物防治提供信息和决策上的支持。

3.8 中国西部地区的盐渍土分布状况及其开发利用策略

3.8.1 盐渍土的类型、分布状况

1. 类型划分

盐渍土无论是按发生学土壤分类或是按土壤系统分类都是作为一个独立的土纲。在土纲之下分为盐土和碱土两个土类,土类以下根据不同形成发育阶段或附加形成过程而产生的过渡类型划分亚类,亚类以下按盐类组成和碱化类型来划分土属。我国西部地区以典型盐土面积最大、残余盐土和洪积盐土为特有类型;碱土和碱化土壤,在各省区都有一定面积的分布。盐渍土特点是:分布广,从低于海平面的吐鲁番盆地艾丁湖边,到海拔 5 000 m 以上的羌塘高原都有分布;积盐重,0～20(30) cm 土层含盐量一般 20～50 g/kg,高者可达 100～300 g/kg;表聚性强,含盐潜水在强烈的蒸发影响下,上升于地表形成 3～5(10) cm 厚的盐聚层;盐分组成多样,除了碳酸盐、氯化物和硫酸盐外,在吐鲁番盆地还有世界上罕见的硝酸盐盐土。

2. 分布规律

盐渍土是一种非地带性土壤,但其形成和分布仍然与地带性自然条件有密切联系。在我国随着降水从东向西减少,干旱程度增加,土壤盐渍化也随之增强。华北和东北半湿润地区,降水量较大,降水随季节变化,因而土壤全年处于脱盐和积盐交替进行的状态,虽地表盐分较多,但心、底土含盐量并不高。在黄河中游的宁夏和内蒙古冲积平原属半干旱地区,年降水量较少,一年中的盐分平衡积盐大于脱盐,表层土壤盐分重,心、底土盐分也高,常有盐结晶析出形成盐结皮或薄的盐结壳。新疆、河西走廊内陆干旱区,微弱的降水不足以淋溶土壤表层积累的盐分,土壤常年积盐地表多出现较厚的盐结壳,心、底土也出现盐斑层。

地貌类型和水文地质条件的不同,也对土壤中盐分聚积影响很大,总的趋势是地势高,地下水位深,盐渍化轻;而地势低平,地下水位高,则盐渍化重。如河谷地形,高阶地上河床下切较深,地下水位低,可免遭次生盐渍化威胁;但在河滩和低阶地上由于地下水位高,多分布着盐渍化土壤。冲洪积扇从中上部至扇缘

溢出带随着地形趋于平缓,沉积物变细地下水位升高,矿化度增高,土壤积盐加重。河流三角洲地下水位普遍较高,但三角洲顶部地下径流条件比中下部好,因而盐渍化是从顶部向中下部不断加重。湖滨型三角洲,由于受到湖水顶托,尤其是在三角洲下部和湖滨盐渍化更重。冲积平原地形平坦,在沿河两岸地下水能受到河水淡化影响的狭长地带,盐渍化较轻,而在地下水淡化带以外,排水条件困难,地下水矿化度高,土壤积盐普遍较重。黄河中游冲积平原土壤盐渍化是从灌区上部向灌区下部不断加重,如宁夏引黄灌区,上部卫宁灌区盐渍化较轻,盐渍土仅占 15.28%,中部银川平原占 25.6%,下部银北平原达 42.37%。内蒙古的河套灌区,盐渍化也是后套较轻,前套较重,特别是前套平原地形更加低平,积水难排,盐渍化、沼泽化十分普遍。

3. 分布状况

西部六省区(陕、甘、宁、青、蒙、新)共有盐渍土 25 063 300 hm²,占六省区可利用土地面积 9.4%,占全国盐渍土面积 69.03%。其中新疆盐渍土面积最大,为 13 361 100 hm²,占可利用土地面积 19.75%,占全国盐渍土总面积 36.8%。其次是内蒙古(7 630 100 hm²)、青海(2 298 400 hm²)、甘肃(1 037 900 hm²)和宁夏(385 000 hm²)。全国耕地中盐渍化面积 9 209 400 hm²,占全国耕地面积6.62%。西部盐渍化耕地 3 447 000 hm²,占西部地区耕地面积 13.93%,占全国盐渍化耕地 37.4%。以新疆耕地盐渍化最重,共计 1 263 900 hm²,占耕地面积30.85%;其次是内蒙古 1 797 600 hm²,占 23.8%;宁夏 182 400 hm²,占 14.44%;陕、甘、青较少,分别占其耕地面积的 2.67%、0.72% 和 2.08%。全国后备耕地资源总面积 33 949 500 hm²,其中西部六省区为 21 655 300 hm²,占全国后备耕地资源的 63.7%。西部后备耕地资源中,盐渍土 7 208 300 hm²,占后备耕地资源的 33.2%。新疆的后备耕地资源面积 9 509 300 hm²,仅次于内蒙古,但盐渍土地达 5 561 600 hm²,占 58.49%。内蒙古后备耕地资源为 9 852 600 hm²,盐渍土面积 932 000 hm²,占 9.46%。陕、甘、宁、青四省区后备耕地资源相对较少,但盐渍土地面积比例不低,分别为 67.46%、40.28%、22.79% 和 7.06%。

3.8.2　土壤盐渍化的危害及对经济发展的影响

1. 对农业生产的危害

盐害:盐害首先是可溶性盐过多,直接毒害作物,轻则生产不良,降低产量,重则死苗,颗粒无收。常见可溶性盐类对作物的危害顺序是:碳酸钠(Na_2CO_3)、碳酸氢钠($NaHCO_3$)、氯化镁($MgCl_2$)、氯化钙($CaCl_2$)、氯化钠($NaCl$)、硫酸镁($MgSO_4$)。从离子看又以 CO_3^{2-}、Cl^- 的危害性最大。

碱害：由于土壤碱化度高，有的则因苏打含量高，土壤产生强碱性，恶化了土壤的物理性质，使土粒分散度大，湿时泥泞，干时板结、龟裂、不透水、不通气，使构成土壤肥力因素的水、肥、气、热不协调，宜耕性、宜种性和生产性都很差。

瘦害：除了盐渍土本身有机质含量低外，土壤中盐分含量高时，可抑制作物对养分的吸收，使作物产生"生理瘦害"。"碱大了吃肥"，有些次生盐渍化耕地土壤有机质含量不低，但苗情生长不良，整个生育期瘦黄，有的则瘦死。

盐碱化对作物的危害可以划分为轻度、中度和强度三级。轻度时作物受到较轻抑制，低矮发黄，缺苗减产 $10\%\sim20\%$。中度时作物受到较强抑制，禾苗不够健壮，抽穗数少，籽实不够饱满，产量较低，缺苗减产 $20\%\sim50\%$。强度时严重缺苗或渍死幼苗，植株瘦弱、萎黄，不抽穗或只抽蝇头小穗，籽实小而瘪，产量很低，甚至连种子都收不回来，缺苗减产 $50\%\sim80\%$。

2. 对工程建设的危害

影响土壤的流限、塑限：由于氯化物和硫酸盐的流限、塑限随水分的多少而不同，当铁路公路穿过盐渍化土壤时，由于含盐量和盐分组成的差异（多为混合盐类），公路、铁路将在土壤水分发生变化时产生变形现象。

使土壤的密实度随盐分增加而降低：氯化物盐土湿化后，因盐分溶解，孔隙增加，可使密实度降低，当含盐量超过 $50\sim80$ g/kg，密实度下降明显，硫酸盐含量超过 20 g/kg，松胀现象严重，密实度会大大降低。

产生盐胀：由硫酸盐引起的盐胀最为明显，硫酸盐当温度低时吸水膨胀，温度高时，脱水收缩。土体在膨胀收缩反复交替作用下，形成松胀层，且愈接近地表，盐胀值愈大，这对地基危害很大，常因沉陷不均造成房倒屋塌。

对建筑材料侵蚀：$NaCl$、Na_2SO_4、$MgSO_4$ 的侵蚀性很强，一般要求含盐量在 20.0 g/kg 以内。易溶性碳酸盐能使沥青材料乳化，并从路面结构层中淋溶出去，从而降低沥青加固土的水稳性和沥青路面黏结力。

3. 对经济发展影响

盐渍土的危害在西部大开发中是一个不可忽视的大问题。西北地区灌溉土地的低产田几乎全部为盐渍土，以新疆为例，由盐渍化造成的低产田占耕地面积 31%，而低产田的农作物单位面积产量一般比平均产量要低 $0\sim40\%$ 以上，初步估算土壤盐渍化每年使新疆粮食减产约 7.2×10^5 t，占粮食总产 8.6%；使棉花

减产 1.305×10^5 t,占棉花总产量的 9.0%,仅粮棉两项带来的经济损失就达 19 亿元,如再加上对瓜、果、蔬菜、油料、糖料、牧草和其他作物危害减产造成的损失,合计带来经济损失约 24 亿元,占新疆种植业总产值 7.2%。西北 6 省区由于盐渍化每年造成的粮食减产约 $3 \times 10^5 \sim 1.5 \times 10^6$ t,棉花 1.5×10^5 t,使种植业造成的经济损失不少于 35 亿~40 亿元。

盐渍土对工程建设带来的经济损失很难估算,兰新铁路哈密段通过膨松盐土区,由于路基膨胀,道钉拨脱,铁轨弯曲,火车行速降低,站台的水泥块撬曲,修在盐渍土上的民用建筑常因地基不稳造成房屋倒塌。由于盐渍土分布区地下水位高,再加上其不良物理力学性质,使工程造价和维护费用大为提高,约增加 50%~200%。而且工程的病害很多,如 314 国道穿过焉耆盆地和策大雅-轮台段及由阿克苏到阿拉尔的公路,新修的路使用 1~2 年后,就产生路面损害、塌陷、翻浆,常修常坏,始终没有治理好过,严重影响行车速度、交通安全,甚至可造成交通事故。

含盐量高的表土被风吹蚀形成盐沙尘在艾比湖地区含盐量高达 50~500 g/kg,降落在牧草上,牲畜吃后大量死亡,并对人群健康有很大影响,使精河县成为鼻咽腔疾病、慢性支气管炎高发区,心血管疾病发病率上升,与呼吸系统有关的肺心病死亡率远高于全国平均水平。

3.8.3　开发策略及优质农业利用模式

针对造成土壤盐渍化的人为原因,一是通过合理高效利用水资源,调控灌区水盐平衡;二是通过农业措施改善和恢复绿洲生态环境,使其实现良性循环,采取灌(灌溉管理)、排(排水)、平(平整土地)、肥(提高肥力)、林(植树造林)等综合措施,以流域为单位全面规划,防治并重,综合治理。实行改良与利用相结合,在合理利用中使土壤得到逐步改良,通过改良不断提高利用水平,以排水为先导,以培肥为中心,为作物生长创造良好的土壤环境。在改良措施中,应水利措施与农业措施并重,水利措施是实施农业措施的基础和条件,农业措施可巩固和提高水利措施的作用和效果。在水利措施中灌排并举,以加强灌区建设和灌溉管理来控制对地下水补给,以排水来降低地下水位。在排水措施中,明渠是骨干,适合盐碱较重地区;竖井排灌应与开发利用地下水相结合;暗管排水,节地省管,应大力发展;干排盐以灌区下游土地分散用水紧张地区为宜。农业措施以草田轮作农牧结合为基础;以植树造林作为保护绿洲和生物排水主要手段;因土利用,发展适合在盐碱地上种植的作物种类和品种;因地制宜采用防盐躲盐等保苗措施,以减轻盐分危害。因为西部地区盐碱土面积大,含盐量高,改良任务艰巨,在战略上必须打持久战和攻坚战。

总结新疆、甘肃、宁夏及内蒙古等地防治土壤盐渍化的成功经验有以下几方面。① 控制灌区多引和超引水,提高水资源的有效利用;进行渠道防渗,减少输水损失;加强灌溉管理,计划节约用水;提高灌溉技术,降低灌溉定额,以达到减少对灌区地下水的补给的目的。② 加强灌区排水,把地下水位控制在临界深度以下,根据不同地段的情况可采用明排、竖排、暗排、扬排及干排,对明渠排水要加强管理,及时清淤,保证排水畅通。③ 修建山区水库,实行以水发电,以电提水,提高机电灌排面积,淘汰不必要的平原水库,减少蒸发渗漏。④ 精平土地,保证灌水均匀;合理规划条田,适时适量灌水;对有黏重土层地区,用深翻犁开沟松土,增加土壤透水性。⑤ 对碱土或碱化土壤施用风化煤和石膏进行化学改良,增施有机肥料,并结合深翻、伏耕晒垡、掺沙等措施改良粘板性质。⑥ 大力植树造林,增加灌区林木覆盖,降低风速,减少蒸发,增加空气湿度,改善农田小气候,发挥生物排水作用。⑦ 扩大苜蓿、绿肥面积,发展套作间作,提高复播指数,增加地面覆盖,减少蒸发返盐;推行秸秆还田,增加土壤有机质。⑧ 因土种植,合理利用盐碱地,盐碱地上种瓜含糖量高,可实行瓜粮轮作;还可栽培耐盐植物,如枸杞、红花、向日葵等,以及甘草等中草药。⑨ 开沟起垄,躲盐巧种;扩大地膜覆盖,防止雨后返盐;在有条件的地区,推广宁夏引黄灌区的果基鱼塘。

3.9　大农业条件下新疆土壤盐碱化及其调控对策

新疆具有得天独厚的土地、光热资源,有利于农作物优质高产,生产潜力很大。但是由于水土资源开发利用不当所导致的土壤次生盐碱化问题已成为农业持续发展的主要障碍性因子之一。当前中低产田数量占到耕地总量的 2/3,盐碱化危害是造成耕地质量低下的主要原因。平均每年因土地盐碱化造成的粮食损失达 $2 \times 10^8 \sim 2.5 \times 10^8$ kg,棉花 5×10^7 kg。当前,新疆也把改良中低产地、提高单产作为农业生产的主攻方向并业已列入议事日程。土壤次生盐碱化的发生和演变与人类大规模的水土资源开发的方式和生产技术水平有着密切的相关性。因此,加强现代农业技术条件下土壤盐碱化与次生盐碱化的类型、分布、发生机理与演变过程和调控措施的研究对促进当地的农业生产有着积极的理论价值与现实意义。

3.9.1　新疆土壤盐碱化概况

耕地盐碱化能导致农业生产力的严重衰退,甚至严重到足以使生产者弃耕,同时盐碱化也是土地退化的主要原因之一。新疆绿洲灌溉面积仅为 5.87×10^6 hm²,占土地面积的 3.57%,而绿洲与荒漠间的过渡带大都已遭到破坏。约 1/3 的耕地(总面积为 4×10^6 hm²)发生土壤次生盐碱化,其中,强盐化的占 18%,中等盐化的占 33%,轻度盐化的占 49%。荒漠中盐碱地的面积占到 37%,碱土主要分布于大山北麓的准噶尔南缘的古老冲积扇,碱化的耕地面积约 4×10^5 hm²,荒漠中碱化的土壤约有 4.667×10^6 hm²。新疆盐碱化的土壤分布广泛,据 20 世纪 80 年代末对 2.1529×10^6 hm² 的面积的统计(不包括兵团),不同程度盐碱化土壤有 7.161×10^5 hm²,占耕地面积的 33.26%。其中:南疆各地盐碱地面积较北疆各地为多,如喀什地区盐碱化土壤有 2.303×10^5 hm²,占耕地面积的 58.95%;巴音郭楞自治州盐碱化土壤有 5.67×10^4 hm²,占耕地面积的 58.82%;北疆的昌吉自治州盐碱化土壤有 8.97×10^4 hm²,占耕地面积的 30.91%;伊犁地区的盐碱化土壤面积较小,只占耕地面积的 6.58%,如下表所示。

新疆土壤盐碱化行政单元分布表

地区		耕地面积（$\times 10^4$ hm²）	耕地盐碱化面积	
			（$\times 10^4$ hm²）	所占比例(%)
南疆	巴州	9.64	5.67	58.82
	阿克苏	31.73	13.11	41.32
	克州	4.01	1.80	44.89
	喀什	39.07	33.03	58.95
	和田	15.88	4.67	29.41
北疆	昌吉	29.02	8.97	30.91
	阿勒泰	11.03	4.89	44.33
	博州	5.59	1.40	25.40
	塔城	26.70	3.81	14.27
	伊犁	29.80	1.96	6.58
东疆	吐鲁番	4.27	1.10	25.76
	哈密	4.58	0.88	19.21

3.9.2 新疆土壤盐碱化特征与区域分布

新疆除山地和沙漠外,在平原地区普遍都有盐碱土的分布。干旱气候和地质历史条件促使新疆平原地区的盐碱化普遍发展,如下表所示。无论是积盐类型还是盐分组成都极为复杂多样。全疆土壤积盐具有以下几个显著特点:土壤盐碱化普遍、积盐程度高、分布面积广;盐土的组成复杂,主要有氯化物、硫酸盐、苏打和硝酸盐;盐分的聚集速度快、积累的强度大,在南疆地区呈现出较强的表聚性;积盐时间长,除现代积盐外,还大面积地存在残余的盐碱化土壤。在南疆古老绿洲灌区内部,低洼地多被作为干排盐区来处理;在北疆绿洲灌区,则多选择易于耕作的低地灌溉,造成附近微高地的积盐。就积盐类型和强度来说,南北疆具有巨大的差异,北疆积盐轻,以硫酸盐为主;南疆积盐重,以氯化物为主,而且全疆大部分地区盐碱化的土壤都存在不同程度的苏打盐碱化。受土壤母质普遍含盐和灌区地下水含有不同程度盐碱的影响,一旦灌排失调,就很容易引起次生盐碱化,即使治理好的土地,也易导致重新返盐。盐碱土所特有的不稳定性和易反复性在本区得到了充分体现。

新疆土壤盐碱化与气候关系

气候条件分区	气候干燥程度			土壤盐碱化程度	宜用地中盐碱土的面积(%)	表土(0~30 cm)含盐量(g/kg)	
	年平均气温(℃)	干燥度	蒸降比			一般	最高
伊犁河谷	2.8~8.2	2~4	4~7	很少	1	20.0~30.0	40.0
天山北麓	4.5~7.9	4~8	12~16	较多	5~10	20.0~50.0	100.0
焉耆盆地	7.8~8.9	11	31~39	多	11~15	20.0~100.0	200.0
天山南麓	9.8~11.5	12~13	43~53	很多	50~60	30.0~150.0	300.0
哈密盆地	9.1~9.9	28	81~83	极多	>70	50.0~350.0	450.0

东疆地区由于极端干旱气候和强烈蒸发,表土大量积盐,盐土分布面积很大,约占宜用地的70%。吐鲁番-哈密盆地的洪积扇上,土层中分布有石膏盐盘层;在扇缘以下的地带,大面积分布着的为典型盐土,残余盐土和草甸盐土面积不大。土壤中普遍含有苏打,在残余盐土的盐聚层中并含有硝酸盐。在艾丁湖及其周围,盐泥及结壳盐土呈广泛分布。

南疆地区的问题主要表现为平原灌区的土壤次生盐碱化。阿克苏河流域灌

区的盐碱化面积为 1.77×10^5 hm^2;叶尔羌河流域,上游灌区盐碱化面积占耕地面积的 45%,中游灌区盐碱化面积占耕地面积的 80%,下游灌区盐碱化面积占耕地面积的 95%;和田河流域在平原灌区近 1.33×10^5 hm^2 耕地中有 3.3×10^4 hm^2 盐碱化。由策大雅河、迪那河、库车河及台兰河等中小河流形成的山前倾斜平原的扇缘带,大面积分布着草甸盐土、灌木林盐土和残余盐土;在秋勒塔格和柯坪山的山前洪积平原上,则因缺乏常年性河流,无明显的扇缘带的存在,在细土平原上分布着典型盐土和残余盐土。阿克苏河三角洲的上、中部,自然坡降大,土层透水良好,且受河水的淡化作用,土壤积盐较轻;在河流两侧的较远处,受河水的淡化作用小,土层沉积物细,地下水位高,土壤积盐增高,主要分布着草甸盐土;在三角洲的下部,因处于阿克苏河、叶尔羌河与和田河三河的交汇处,地下径流缓慢,渗透系数较小,地下水位高,矿化度为 $10 \sim 20$ g/L,大面积分布着结壳盐土。塔里木盆地西缘的冲积平原主要由喀什三角洲、叶尔羌河三角洲以及一些流量小、流程短的小河形成的干三角洲组成。一般在三角洲、干三角洲的上部,土壤无盐碱化威胁,在三角洲的下部及扇缘带,有不同程度的盐碱化土壤和草甸盐土分布。叶尔羌河和喀什噶尔河流域次生盐碱化面积已占耕地面积的 1/2 以上。位于干三角洲下部的伽师县、岳普湖等地,大片分布着草甸盐土和残余盐土。

　北疆地区的水土资源优势主要集中在玛纳斯河流域与额尔齐斯河流域。其中玛纳斯河流域已建成大型灌区(包括沙湾县、玛纳斯县和石河子垦区),额尔齐斯河尚处于待开发状态。位于以乌鲁木齐为核心的天山北坡经济带的石河子垦区在新疆农业的可持续发展中处于举足轻重的地位,该垦区水土资源开发利用程度较高、灌排设施比较完善,特别是近年来膜下滴灌等技术发展很快,在新疆具有较强的代表性。石河子垦区地处准噶尔盆地南缘的古老冲积平原,母质为含盐的黄土状物质,灌溉后的土壤次生盐碱化发展与防治一直是该区农业发展与环境演变的重要课题。该垦区主要包括安集海、下野地与莫索湾灌区。经过多年以井灌井排的工程措施为主的盐碱土改良实践,区域上的盐碱化在很大程度上已经得到了改良。当前,该区推广的膜下滴灌技术,大大提高了水资源的利用效率,遏止了地下水位的抬升,但该区多不进行淋洗盐分与排盐,故在区域上存在着缓慢积盐(祁通等,2011)。目前,该流域的盐碱土主要分布在玛纳斯河流域的中下游部位,且多表现为碱化。

　安集海灌区位于巴音沟河下游,是洪积-冲积扇间的洼地,无排水出路,土质含盐极重。据 1985 年统计,土地总面积有 7.79×10^4 hm^2,耕地面积有 3.07×10^4 hm^2,荒地面积 4.72×10^4 hm^2,盐碱土面积达到 83.4%。莫索湾灌区位于玛纳斯河中下游,土质含盐较重。开垦初期次生盐碱化发展,但经过排水渠排水与广种苜蓿等措施,盐碱化趋势已被初步遏制。但以后几经起伏,目前盐碱化仍在发展,全团 1.13×10^4 hm^2 耕地中,次生盐碱化土地有 4 000 hm^2。该灌区下部邻接沙漠边缘,大部分土质较轻,盐碱化也较少。下野地灌区位于玛纳斯河下游,向北紧接古尔班通古特沙漠,地形为高平地与低洼地相间,是脱盐碱化区,一般表层脱盐。但由于后期对灌区的过量灌溉,加之该区地下水含盐量较高,可以预见该灌区存在大面积土壤次生盐碱化的风险。

3.9.3 新疆土壤盐碱化成因

干旱的气候条件和土壤母质含盐量高是造成土壤盐碱化的主要因素;次生盐碱化则主要与灌溉的快速扩张、不合理的灌排系统和土地利用不当有关。

1. 自然因素

新疆四周为高山所环绕,是一个远离海洋的封闭内陆盆地。湿润的海洋气流难以及此,为我国最为干旱的地区。因降水稀少,土壤中盐分受其淋洗作用的影响很小;受强烈蒸发控制,在土壤毛细管的作用下,土壤和地下水中的盐分不断向地表聚集。

新疆是典型的干旱、半干旱地区,风化壳尚处于含盐风化壳阶段,即 Si、Fe、Al 等的氧化物在风化壳中基本未发生移动,一旦经洪水或经常性地面水作用,则溶解度小的碳酸盐和石膏,首先在山前洪积扇或洪积-冲积平原的上部沉积,而易于溶解的氯化物-硫酸盐类,在洪积扇或洪积-冲积平原中下部积聚,氯化物或硫酸盐-氯化物则在扇缘及扇缘带以下的地区积聚。

在全疆河流中,除伊犁河、额尔齐斯河为外流河外,其余均为内流河,具有汇流面积相对较小的特点。各河流出山口后依次形成洪积-冲积扇、潜水溢出带和冲积平原。每条内流河在汇集流经区的地面径流的同时,也将土壤和岩石风化物中的可溶盐类大量带入盆地内,并在洪积扇扇缘、大河三角洲、干三角洲以及洪积-冲积平原的中下部聚集。尤其在地形平坦、土质颗粒细、地下径流不畅的地方,渗透系数小,潜水主要是垂直运移,潜水通过地面大量蒸发,促使土壤积盐,形成盐碱土的大片分布区。

2. 人为因素

因灌溉排水和农业措施不当,大量地下水位抬高,大量底土和地下水中的盐分随潜水蒸发积聚到土壤上层和地表而造成的土壤次生盐碱化是牧区的显著特征。人为的因素很多,但大致可主要归结为以下几点。

① 水土资源不平衡与灌区内部结构不够合理。

近 50 年来,由于大规模的引水垦荒工程,使水资源在时空的分布上发生了巨大的改变,导致了上、中、下游和农牧业用水失衡。由于缺乏流域尺度上的水土资源平衡的统一规划,中上游开荒、下游撂荒的现象在新疆各个流域成为一个普遍现象;另一方面,在耕地灌溉面积快速扩展的同时,次生盐碱化的面积也在增长。在开垦盐碱荒地过程中,受土壤盐碱化的严重危害,损失也是非常巨大的。同时,灌区的发展在很大程度上挤占了天然绿洲的生态用水,部分天然绿洲沙化,使得干旱与沙尘大气加剧,进而影响到人工绿洲生态系统的稳定性。

盐碱土结构性差、毛细管作用强、透水透气性差,提高土壤肥力可显著改良其不良性质,实行绿肥还田和增加有机肥的投入是必要的手段。当前农牧业分割依旧严重,不重视养地作物(豆科牧草、紫花苜蓿)的栽培,苜蓿种植面积已经由 20 世纪 60 年代占播种面积的 18% 下降到目前 5% 左右。重视化肥,轻视有机肥培肥地力的作用,使灌区土壤肥力长期徘徊在低水平。受经济利益的驱动,作物种植结构缺乏大农业整体发展的考虑,当前许多宜棉区棉花种植面积已达 50%,甚至超过 70%,且进行连作,一方面削弱了地力,另一方面,又易引发病虫害,不能实现持续高产。

② 平原水库蒸发、渗漏严重。

全疆已建成平原水库 472 座,库容 6.7×10^9 m³。水库的渗漏是造成灌区次生盐碱化的重要因素。如大泉沟和蘑菇湖水库,从库区蓄水起,周围地下水位升高到 $0.5 \sim 1.0$ m,土壤因为强烈积盐而弃耕。一般在水库前下方,影响范围为 $1400 \sim 2000$ m,在水库的两侧小于 1000 m。

③ 渠系利用系数尚待提高。

新疆灌区渠道渗漏都很严重,在无特殊防渗情况下,一般渠系有效利用系数为 0.3 左右。当前新疆各地渠道均已不同程度地进行了防渗,渠系有效利用系数已提高到 $0.4 \sim 0.5$ 之间,仍约有一半以上的水量随渠道输水渗入地下,其中一部分再随蒸发将盐碱带到地面。从渠道两旁可以看出明显的返盐现象,严重影响作物生长。一般渠道渗漏对两侧的影响范围大致为:总干渠为 $500 \sim 1500$ m,干渠为 $100 \sim 200$ m,支渠为 $50 \sim 150$ m,斗渠约为 $50 \sim 100$ m。

④ 田间灌溉过量与排水不足问题。

在严重的干旱气候的自然条件下,新疆的灌溉水利,既不是一种补充性灌溉,也不是简单地对作物进行单纯施水的灌溉工作,而是较复杂的水利土壤改良工作。农田灌溉是农业生产的根本措施,但不合理灌溉又导致土壤盐碱化的发生,限制了农业生产的发展。

在不少灌区,特别是在地方灌区,农业耕作粗放、土地不平整、水利工程不配套,一般除农作物生育期灌水外,常常还利用洪水和夏季高温期进行伏泡压盐和进行秋冬季储水灌溉,灌水定额高达 15 000~22 500 m^3/hm^2,产生过量的深层渗漏,抬高地下水位至临界水位,导致了土壤次生盐碱化的大面积发生。并且长期的大水灌溉压盐的方式也加剧了土壤碱化和肥力下降的过程。

通过滴灌等先进的灌溉技术减小灌溉定额和井灌井排降低地下水位是防止土壤次生盐碱化的有效途径。近 10 多年来,井灌井排与节水灌溉新技术在石河子等垦区蓬勃发展,有效地推进了盐碱化治理。当前的滴灌棉田仅在生育期灌 350~4 200 m^3/hm^2。随着节水灌溉技术的推广与地下水位的降低,部分灌区原有的排水渠疏于维护甚至废弃。在这种情况下,灌区处于逐渐积盐的进程。根据调查,在滴灌发展早的团场,一些耕地的地表 0.7~1.0 m 以下处已经发现盐分含量的显著升高。而且,随着农渠被废弃,传统的冬灌无法进行,害虫近年有明显增多,相应地,控制害虫的成本增加为原来的 2~3 倍。

⑤ 产权不明晰、水价偏低和政府干预不足问题。

水权不明晰使得农业用水大量挤占生态用水,造成环境恶化。灌溉水价与成本严重背离,全疆平均灌溉水价仅达到 1997 年成本水价的 70%,南疆个别地区只达到成本水价的 30%,甚至按亩收费的现象还普遍存在,在很大程度上纵容了过量灌溉,也使得通过"节水控盐"的思路无法实现。许多流域的部门(兵团与地方)之间、上中下游之间没有水量分配方案,即使有也不尽合理,在水资源分配方面存在的矛盾较为突出,兵团灌区的节水意识与实施节水灌溉的面积都远高于地方。

3. 新疆盐碱化耕地趋势预测

盐碱土形成是自然因素和人为因素综合作用的结果。形成盐碱土的自然因素是很难改变的,这就决定了要把所有的盐碱土改良几乎是不可能的。但在遵循自然规律的基础上,对形成盐碱土的人为因素进行调控,部分盐碱土完全是可以改良好的。盐碱土的发展趋势主要取决于区域水土资源开发等人类活动,而水土资源的开发则受制于国家宏观经济政策与经济利益的驱动,下图是近30年来新疆盐碱化耕地的动态。根据最新调查,在巴楚、阿图什、精河等县市盐碱土面积呈递减趋势;在和田绿洲、喀什绿洲垦区、玛纳斯、石河子绿洲盐碱化显示出增加的趋势,且全疆范围内盐碱土面积上升的趋势很明显。从对灌区水盐动态变化分析来看,目前达到稳定脱盐的是局部,持续积盐的也是局部,绝大部分地区是脱盐不稳定或脱盐积盐反复进行,耕地土壤盐碱化潜在威胁仍很大。

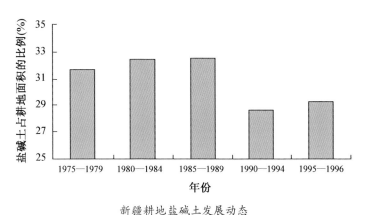

新疆耕地盐碱土发展动态

3.9.4　新疆土壤盐碱化的调控对策

1. 以流域为单元优化水土资源利用布局,强化生物治理措施

农业-水资源-环境系统是客观存在的不可分割的整体,是一种自然-人工复合系统,农业的发展必然受到区域自然地理、水资源与环境条件的制约。在流域尺度上,陆地地域可依地貌类型、自然和人工植被,划分为山地、人工绿洲、自然绿洲和荒漠等类型。新疆是一个典型的荒漠-绿洲生态系统,必须注重对自然绿洲生态系统的维护,注重绿洲灌区内部结构的优化。有限的水资源及其时空分布的不均匀性是灌溉农业发展和生态环境保护的关键因子。今后的流域水资源规划要以区域水盐平衡为依据,对水土资源进行综合平衡,合理安排地表水和地下水的开发利用,建立流域完整的排水、排盐系统,贯彻上下游兼顾,既要考虑农田用水、又要兼顾林牧业和生态用水的指导思想。在现有生产技术条件下,严禁垦荒,耕地的面积宜稳定在 4×10^6 hm^2,应把改良低产田、提高现有耕地的生产潜力作为主要突破口,节水灌溉余出来的水应留给生态用水。绿洲-荒漠过渡带不仅是绿洲外围的生态屏障,还适合于发展人工饲草基地,实现农牧结合,作为平原畜牧业基地。

在新疆 7.059×10^6 hm² 绿洲农田中,经常保留有沙漠、农田防护林、夹荒地、弃耕地、沼泽等多样化土地类型,可供发展农区畜牧业辅助放牧之用。因此,绿洲灌区土地的利用必须予以优化,具体可归结为农、林、牧、草混合农业体系以及种植制度结构的优化。推行草田轮作既可有效地培肥土壤,也可为发展灌区畜牧业提供原料。由盐碱化引起退化的土地(弃耕地),可以先引种耐干旱、耐盐碱的绿肥先锋作物,再过渡到草田轮作,因地制宜地发展粮肥间作。对盐碱化严重的土地,可以种植经济价值较高的耐盐植物如大米草、碱茅草等。生物治理措施在易次生盐碱化地区绝不是一时的权宜之计,而应该作为一项长期的战略来坚定不移地有计划地在水资源合理利用的基础上逐步推进和实施。对碱化程度较高的土地在化学改良的基础上,进行生物改良。

2. 加强农田水利基本建设,建立节水农业体系

① 提高灌区储水与输水环节的效率。

对平原水库引起的地下水位抬升,可在坝外开挖必要的排水沟,并植树造林。从长远看,随着各地水源地的建设,并大量开采地下水后,灌区及其临界平原水库的地下水位都会降低,次生盐碱化的程度也将降低。并且随着山区水库的建设,平原水库也将逐渐废弃。渠道防渗可以有效提高水资源利用效率,防止地下水位的上升,是防止土壤次生盐碱化的治本手段。当前的渠道防渗率还不到总长的 1/3,提高的潜力还很大。通过渠道防渗和发展管道输水技术,将渠系水利用系数提高到 0.65 是完全有可能实现的。

② 灌排结合,完善节水灌溉技术。

排水不仅是改良与利用新垦盐碱地的先决条件,也是防止灌区土壤次生盐碱化的基本条件。根据各区的水文地质条件,不同的灌区可具体选择明排、暗管排水与竖井排水模式。

田间灌溉是节水的关键环节,但田间用水效率是否能无限提高? 在干旱区,灌溉水一般都含有较高的盐分,长期灌溉所引入的盐分也是可观的,在没有排水的条件下,盐分主要累积在土壤 1 m 剖面内。全生育期的滴灌只能将盐分淋洗至作物主要根系层以下(地表 40~50 cm 下)。随着灌溉时间的延续,积累的盐分就在地表某一深度越积越多。因此,通过滴灌来调节盐分在剖面上的分布,从而为作物创造一个良好的生长环境的难度越来越大,有可能在某一天造成"爆发性积盐"。虽然在本区的节水灌区该现象尚无发生,但同类地区的教训不可不引起高度重视。以色列伊兹里勒平原就是在运用滴灌技术不断提高水资源的效率后，发生了大规模的盐碱化。世界各国的灌溉史业已证明：要使灌溉获得成功，就必须进行排水。

根据国内外干旱区的经验，为了维持土壤的水盐平衡，必须考虑将 15％～20％左右的灌溉水量用于土壤洗盐排水，4～6 年一个轮回对所控制的灌区进行压盐和洗盐，对荒地、弃耕地选择种植适合的耐盐植物，为作物的生长创造一个良好的环境。新疆河流一般都有较高的含盐量，因此必须更注意排水问题。以水盐平衡的理论为指导，在计算机水盐运移仿真模型的支持下，根据不同地区的土壤条件、水文地质条件和作物耐盐情况，确定科学的节水条件下的灌溉制度（包括淋洗定额和频率）和调整排水设施，是当前面临的重要课题。

3. 加强基础研究，积极引进和研制盐碱土评估和预测模型

电磁感应土壤盐分测量技术（EM－38）与地理信息系统支持下的制图技术，在国外已广泛用于田间调查和盐碱土评估与管理研究，在国内一些地方也得到初步应用。但在本区，这些先进技术的应用基本还是空白。新疆灌区绿洲地势平坦、面积辽阔，比较适合也非常需要能快速确定盐碱土壤盐分空间分布状况与盐分来源、进行土壤盐碱程度判定及趋势评估的电磁感应技术。加强水盐运动的过程与机理研究，特别是覆膜滴灌点源入渗的水盐运动研究还不充分，基础理论研究的不足给应用研究的深入带来不利影响，导致一些工作仍局限于黑箱式研究，以致研究结果趋于表面化和一般化，无法对生产实践提供有效的指导。

第 4 章
盐土及滩涂治理与开发范例

4.1　典型新围垦海涂农田盐碱障碍因子特征分析

我国海涂资源十分丰富,是非常重要的后备土地资源,同时,其围垦开发利用历史悠久,已取得了巨大的社会经济效益。但从目前研究看来,土壤质量偏低依然是制约苏北海涂开发利用的主要障碍因子。因此,开展土壤质量调查与评估研究对高效利用海涂资源、提高海涂围垦农田土壤生产力具有重要意义。土壤盐碱作为影响海涂农田土壤质量的两大主要障碍因子,抑制了土壤地力的发挥及作物的生长,导致了土地生产效率的普遍偏低。因此,弄清海涂农田土壤盐碱状况及其盐分离子组成特征,对寻求适用于该区的高效改良对策、快速提升海涂围垦农田地力具有重要意义。

目前,有关海涂土壤特征的研究多集中在土壤水盐的空间变异性与随机模拟、土壤体积质量、温度、盐渍化的风险评估及耕层土壤质量的评价方面,部分涉及苏北滩涂区地下水、土壤的盐分特征,但对新围垦海涂农田土壤盐碱特征及其离子组成方面的研究较少。研究者对苏北典型新围垦海涂农田的土壤盐分、pH以及土壤可溶性离子的特征及其相互之间的关系进行探究,为苏北海涂围垦农田盐碱障碍因子的消减、农田地力的提升提供可靠依据。

研究发现海涂围垦农田土壤电导率与土壤全盐含量具有极显著相关性,通过电导率获知本区盐分值,利于本区盐渍土的科学研究及其土地资源的开发与利用,如下图所示。海涂围垦农田土壤处于脱盐碱化阶段,盐分含量均值为1.78 g/kg,属轻度偏中度盐化程度,但其碱化特征明显,pH均值达9.83,如下表所示。同时,土壤盐碱在空间上的分布特征也有所差别,前者变异程度强,变异系数达到1.06,而后者变异系数小(0.21),变异程度为中等偏弱。而两者在土壤剖面上的分布都较为均匀。

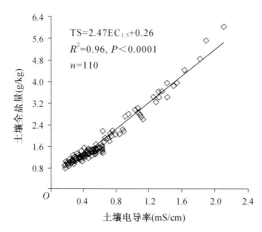

海涂农田土壤电导率与土壤全盐量的线性关系

海涂农田土壤剖面含盐量与 pH 统计特征值

土壤特征	土层(cm)	最小值	最大值	极差	中位数	平均值	标准差	变异系数	样本均值	样本变异系数
盐分含量(g/kg)	0～20	0.91	6.05	5.14	1.35	1.79	1.19	1.41	1.78 (n=110)	1.06 (n=110)
	20～40	0.76	2.83	2.07	1.24	1.46	0.61	0.38		
	40～60	0.88	3.94	3.06	1.30	1.70	0.86	0.74		
	60～80	0.90	5.53	4.63	1.41	1.91	1.18	1.39		
	80～100	0.94	4.86	3.92	1.55	2.05	1.17	1.37		
pH	0～20	8.70	9.56	0.86	9.28	9.23	0.21	0.05	9.83 (n=110)	0.21 (n=110)
	20～40	9.24	10.21	0.97	9.78	9.72	0.27	0.07		
	40～60	9.32	10.61	1.29	9.96	9.96	0.36	0.11		
	60～80	9.37	11.10	1.73	10.04	10.10	0.36	0.13		
	80～100	9.53	10.96	1.43	10.07	10.17	0.34	0.11		

　　Cl^- 和 Na^+ 为海涂围垦农田土壤盐分离子的主要组成部分,两者分别占阴、阳离子含量的 61.79%,72.48%,并对全盐有 65.60% 的总贡献率,在各层的分布中具有较大变异性。其余离子的含量相对较少,并在各土层中均匀分布。同

时,海涂围垦农田土壤可溶性离子按其与土壤盐分和 pH 的关系(如下表所示)可以大致分为两类,一类主要与土壤盐分呈正相关,分别是 Cl^-、SO_4^{2-}、Ca^{2+}、Mg^{2+}、Na^+;另一类则主要与土壤 pH 呈正相关,分别为 CO_3^{2-}、HCO_3^-,且同一类的离子之间基本上呈显著正相关,而两类离子相互之间呈显著负相关或极弱正相关。

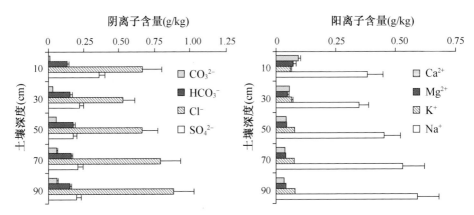

海涂围垦农田土壤离子组成及其剖面特征($n=22$)

海涂围垦农田土壤电导率(EC)、全盐(TS)及 pH 与可溶性离子间 Pearson 相关系数

	EC	TS	pH	CO_3^{2-}	HCO_3^-	Cl^-	SO_4^{2-}	Ca^{2+}	Mg^{2+}	K^+	Na^+
EC	1.00										
TS	0.98**	1.00									
pH	0.04	−0.01	1.00								
CO_3^{2-}	−0.04	−0.08	0.84**	1.00							
HCO_3^-	−0.19	−0.18	0.39**	0.34**	1.00						
Cl^-	0.99**	0.98**	0.04	−0.05	−0.19*	1.00					
SO_4^{2-}	0.43**	0.56**	−0.52**	−0.46**	−0.34**	0.43**	1.00				
Ca^{2+}	0.12	0.17	−0.73**	−0.58**	−0.23*	0.12	0.56**	1.00			
Mg^{2+}	0.52**	0.57**	−0.43**	−0.46**	−0.19*	0.52**	0.69**	0.57**	1.00		
K^+	0.41**	0.37**	0.38**	0.38**	0.14	0.39**	−0.07	−0.35**	0.06	1.00	
Na^+	0.97**	0.98**	0.10	0.01	−0.19	0.97**	0.44**	0.01	0.41**	0.39**	1.00

注:* 表示相关性达到 $p<0.05$ 显著水平,** 表示相关性达到 $p<0.01$ 显著水平。

滨海滩涂土壤围垦后,在当地自然环境及人类活动的影响下处于一个脱盐碱化的过程中,因此,在消减新围垦海涂农田土壤盐碱障碍因子的过程中,除要充分利用当地较大的降雨量淋洗盐分外,还应重点防治土壤的碱化过程,以避免作物遭受碱害。

4.2　中国盐渍土研究的主要内容和研究工作进展

4.2.1　盐渍土和盐渍化的发生与演变

我国盐渍土分布面积大、分布区域广、类型众多,不同生物气候带的盐渍土具有不同发生特点和演变规律。盐渍土和盐渍化的发生与演变是盐渍土的基础性研究工作内容,主要包括:不同区域和不同自然条件下盐渍土的成因和演变规律、不同类型盐渍土的基本特性和区域分布特征、盐渍土的分类、不同类型盐渍土的分级、人为作用条件下盐渍化的发生与演变特征和盐渍土调查制图等。

近年来,一些土壤盐渍化热点地区,如新疆绿洲和东北松嫩平原盐渍化的发生和演变问题以及不当管理条件下和设施栽培条件下次生盐渍化的发生演变问题受到重视。何祺胜等对渭干河-库车河三角洲绿洲盐渍化成因进行了分析,认为干旱荒漠气候、含盐母岩和母质、活跃的地表水和地下水的补给是盐渍土形成的动力,人为活动是形成灌区次生盐渍地的重要条件。研究者运用遥感图像数据,分析了松嫩平原西部典型盐渍化区的土地利用变化和分布特征及其对盐渍化的影响。发现中部和南部地区耕地、草地和碱斑地之间发生相互剧烈转化,碱斑地分布面积不断扩大。姚荣江等(2007)研究了黄河三角洲地下水作用条件下耕层土壤的积盐规律,从空间尺度对该区地下水矿化度与耕层土壤积盐规律进行了定量分析。研究发现耕层土壤盐分与地下水矿化度的空间分布具有一定正相关性,而与地下水埋深呈负相关性。赵莉等认为土壤次生盐渍化是我国保护地栽培生产中的一个重要限制因子,保护地土壤环境封闭、大量盲目施肥和灌溉不合理是导致保护地土壤次生盐渍化的主要原因。表层土壤中盐分离子富集危害了农作物生长,影响产量和品质。

4.2.2　土壤水盐运移机理及其建模

土壤水盐运移过程和运移机理研究是盐渍土研究的核心问题,农田土壤水盐模型研究是阐明农田土壤水盐动态变化规律,进行农田水盐模拟和盐渍化预报的有效方法。因此该方面研究一直受到研究者们的高度重视。根据不同的研究目的和数据条件,研究者采用了不同模型方法来研究水盐运移过程,包括宏观水文模型、质量或水量平衡模型、确定性机理模型、传递函数模型和随机统计模型等。

随着水盐运移机理及其建模研究工作的深入,近期更加重视复杂田间条件下的土壤水盐运移研究,重视模型的田间验证,使其有更好的应用前景。近年来开展的特色水盐运移研究工作主要包括干旱区特别是灌区的土壤水盐平衡分析和水盐运移机理、咸水或微咸水利用条件下的水盐运移规律、冻融条件下的土壤水盐动态规律、滴灌条件下土壤水盐运移与盐分积聚规律及其模拟、非均质土壤盐分优先运移随机模拟、水-热-盐耦合运移的数值模拟、遗传算法和神经网络在水盐运移模型中的应用等方面的研究。

岳卫峰等研究并建立了内蒙古河套灌区非农区与农区水域的水盐运移及均衡模型,并利用该模型对水分在各个环节的转化与消耗以及水盐的迁移进行了定量分析,结果显示农区脱盐量的 75% 随地下水迁移到了非农区。杨艳等运用入渗模型研究了碱土、盐土在微咸水入渗条件下土壤水盐运移特性,研究发现土壤累积入渗量随矿化度的提高而增加,不同钠吸附比对盐土、碱土入渗能力的影响不大,碱土的水分和盐分运移与入渗水矿化度均呈正相关。李瑞平等对土壤冻融期间多年水分、盐分和温度的变化规律进行了分析,研究发现气温的降低引起了土壤温度的降低,从而引起水分和盐分的迁移,盐分的时间变异系数大于水分的变异系数,说明盐分的运移机制较水分运移机制复杂。同时还建立了季节性冻融土壤水盐动态预测的 BP 人工神经网络模型,对冻融土壤水盐耦合运移进行了联合预测。刘炳成等建立了描述土壤中水、热、盐耦合运移的数学模型并进行相应的数值研究,获得土壤中水、热、盐的动态迁移特性,探讨了土壤质地对盐分运移的影响,研究发现:盐分运移受土壤质地与结构的影响较大,并与土壤水分运移密切相关。滴灌条件下不同流量土壤水盐运移、再分布不同,大滴头流量促进了水分的水平运动,水平扩散速率明显大于垂直入渗速率,滴灌结束后土壤盐分经历一个再分布过程并进一步向深层运移。

4.2.3　盐渍化的监测、评估、预测和预警

盐渍化的监测、评估和预警研究主要包括土壤水盐动态的监测技术方法,土壤盐分状况的评估技术方法,田间和区域盐渍化发生的风险评价和预警技术方法,以及典型或热点区域次生盐渍化发生与发展趋势预测、预警和风险评估等。

新的技术和方法在盐渍化的监测、评估和预警研究中得到了广泛应用,进一步提高了土壤水盐动态和盐渍化监测的效率和精度。在土壤盐渍化状况评估方面,土壤盐分的空间分布与变异特性、土壤盐分动态的时序演变特征等研究进一步深入。近期研究工作还建立与完善了不同尺度土壤盐分监测的技术和方法,分析比较了点尺度、田块尺度和区域尺度土壤盐分与土壤盐渍化关联属性的空间分布与变异特性,探索了土壤盐分与土壤盐渍化关联属性的尺度提升、不同尺度监测数据间的衔接和运用多尺度监测数据对土壤盐渍化状况进行综合解译评估的技术与方法。电磁感应式大地电导率测量由于其无须电极插入、测量速度快,在土壤盐分含量和盐渍化调查、监测与评估研究中有广阔应用前景。运用电磁感应式大地电导率仪、高精度 GPS 数据采集器、动力牵引平台等构建的移动磁感式测定系统,可在田间快速进行大地电导率测量,运用数据解译模式结合 GIS 分析手段,可获得土壤剖面分层盐分含量和土壤盐分的空间分布数据与相关图件资料。在盐渍化的监测、评估的区域尺度研究方面,遥感信息方法获得了广泛运用。在点尺度方面,一些响应迅速、精度高的测量技术方法得到应用,增强了对过程性土壤盐分动态的监测能力。盐渍化的预警研究主要集中在土壤盐渍化发生与演变的热点地区开展,如西北干旱灌溉扩展和滴灌区、东北松嫩平原、部分引河灌区、大型水工程影响区等。

4.2.4　盐碱障碍治理与修复

通过多年的改良和综合治理技术的应用,有不少地区的盐渍土得到了治理和改造,耕地质量和土地生产力水平得到了提高。但同时也有不少地区的盐碱问题仍然制约农业生产和土壤质量的提高,有些地区的盐渍化问题还有加重和扩展的趋势。盐碱障碍是影响土壤质量和造成土地生产力水平低下的重要原因。开展盐碱障碍的治理和修复研究,对合理和高效利用不同类型和不同程度的盐渍土资源、改善盐渍土壤质量、提高盐渍土地的生产力水平具有重要理论和实际价值。近期的研究工作较为关注耕地盐碱障碍治理与调控和不同类型盐渍土的快速治理与修复技术研究,特别是中低产田盐碱障碍、灌溉扩展条件下盐碱障碍、新型灌溉方式下的盐碱障碍、设施农业条件下的盐碱障碍、微咸水利用条件下的盐碱障碍、沿海滩涂盐碱障碍的治理和修复问题。除盐碱障碍的水利工程、耕作栽培、综合农艺、土壤肥力恢复、改良剂应用等治理和修复技术外(崔文明等,2014;郝统等,2019),近年来生物措施和技术在土壤盐碱障碍治理和修复中的重要性不断增加。植被恢复技术、耐盐植物(作物)种植、林带生物排水功能构建、复合生物系统构建、生物有机肥料应用等在盐碱障碍治理和修复研究与实践方面发挥了重要作用。

胡伟等比较了三种耐盐牧草生物修复盐渍化耕地的效果,发现了不同品种牧草植株不同生育期内对 K^+、Na^+ 的选择吸收能力存在差异,种植小黑麦修复盐渍化耕地效果最佳。张凌云等进行了盐碱土壤修复材料对盐渍土理化性质影响的试验研究。通过施用盐碱土壤修复材料,土壤含盐量、土壤容重、土壤 pH

[新闻午报-山西]攻关盐碱地 山西农大取得新突破

山西农大盐碱地改良集成技术课题组
负责人赵晋忠教授取得新突破

均有所降低,土壤孔隙度增加,土壤速效 N、P、K 量和土壤有机质含量提高,表明盐碱土壤修复材料能改善滨海盐渍土的理化性质,达到土壤改良的目的。盛连喜等是根据松嫩平原盐碱土强度和特征,提出了着眼于自然恢复与植物修复,并辅以人工调控和改良剂应用,促进盐碱化土地逐渐向良田方向发展的观点。在盐渍化土地上建立明沟排水、井排和干排植物的排水系统,将深耕、客土等农艺措施与淡水洗盐结合,应用地表覆盖、免耕和沟植技术形成盐渍化土地的工程治理系统(耿其明等,2019)。王志春等研究并提出了东北松嫩平原低洼易涝盐碱地开发水稻、盐碱化低产旱田改良、盐碱化草地恢复、盐碱湿地保育和盐碱泡沼养鱼的盐碱化土地治理对策。

4.2.5　盐渍土资源的可持续利用与优化管理

我国盐渍土资源分布广泛、类型众多,不同地域的自然条件存在差异。干旱与半干旱区土壤资源不合理利用也是加速土壤盐渍化的原因之一。因此,需要根据不同地区的土壤条件和其他盐渍化发生条件的特点,开展盐渍土资源的持续利用与优化管理研究,提高盐渍土利用中的管理水平,以提高盐渍土资源的利用效率,实现盐渍土资源的安全和可持续利用,避免次生盐渍化发生而导致的土地质量下降和弃耕。

在盐渍土资源的集中分布区,如黄淮海平原地区、东北松嫩平原、西北干旱地区、沿海滩涂地区,盐渍土资源的持续利用与优化管理研究尤其受到重视。近期受到关注的研究内容主要包括:盐渍土资源可持续利用的技术措施、盐渍土利用综合管理措施与技术方案、次生盐渍化防控的土地利用管理措施和区域盐渍土资源可持续利用对策等。

黄河三角洲盐渍土可持续利用的对策,包括:完善农田水利基本建设,采取水利工程措施、农业生产技术和生物措施,综合治理盐渍土。根据生态农业理论,统筹规划,用地与养地相结合,合理配置盐渍土的农、林、牧比例,完善盐渍土开发利用的政策法规。李彬等分析了吉林省盐碱地资源可持续利用对策,提出理顺盐碱地治理改造与开发利用的关系、加强盐生植物利用、发展盐碱土农业,充分挖掘盐碱地资源潜力的对策建议。李艳等开展了盐碱农田基于多个数据源的精确农作管理分区研究。研究发现不同管理分区之间土壤化学性质的均值存在显著差异。利用所选取的三个变量,应用模糊 c 均值聚类算法进行精确农作管理分区划分,分区结果可以作为变量管理的决策单元用于田间变量管理作业中,为精确农业变量投入的实施提供有效手段和决策依据。

4.2.6　发展滩涂高效农业中应强调"绿色、规模化、产业化"

着力打造"绿色农产品"品牌,把我省的滩涂农业建设成绿色农产品(包括绿色有机食品、饲料、药材等)的规模化、产业化生产基地。

沿海滩涂生态环境优越,土地平坦、连片且属国有,非常有利于建设绿色农产品的规模化生产基地,如东台、大丰等市近年来的高效规模化农业的实践(特别是东台市的甜菊糖原产地认证和大丰市出口水产品基地认证)为我们建设沿海滩涂绿色农产品规模化生产基地积累了丰富的实践经验;建设绿色农产品基地,反过来又有利于保护生态环境,经济效益也比较高。而且,规模化生产还有利于生产技术的规范化和新技术的推广应用。因此,大力建设绿色农产品规模化生产基地,努力创出具有特色的名牌绿色农产品,是沿海滩涂发展高效农业的主要途径。

在建设绿色农产品规模化生产基地的基础上,积极推进一二三产联动。积极拓宽思路,把农业的内涵从单纯的种植业和养殖业扩展到农产品的加工业和营销,尽量延长产业链,重视功能化挖掘,以提高产品的附加值。

为此建议:

① 统一规划,建设和保护好绿色农产品的生产基地。

在区域产业布局上应保证滩涂的绿色农产品生产基地的环境不受破坏,同时,要积极扶持滩涂地区参与国内外绿色食品生产和原料基地的认证,打破农产品、水产品出口的绿色壁垒。

耐盐农产品加工基地

② 以建设绿色农产品基地为切入点,引导科技力量投入滩涂农业领域。

无论是绿色食品生产和加工还是绿色原料的种植和提炼,都是一个需要多

耐盐苗木培育基地

学科科技力量支撑的系统工程。建议省委、省政府加大投入,引导科技力量积极参与或协助搭建绿色农业科技交流平台,通过设置研究点、课题招标、项目合作、技术转让、人才培训等形式,加大实施品种更新、技术更新和共性技术研发,把科研和生产紧密结合起来,对具有一定科技含量的研究成果的转化给予扶持,并制定合理的利益分配机制,鼓励多方投入的积极性。

③ 将养殖业与种植业结合起来统筹布局,互相提供原料,形成循环农业。

例如,为了发展绿色种植业,需要提供一定数量、无害化的有机肥料,而且,需要就近就能获得符合要求的有机肥料,这就为发展绿色的养殖业提供了空间;反过来说,绿色的种植业可以为发展绿色养殖业提供符合要求的饲料,这就形成了循环农业。

4.2.7　盐土及滩涂土壤修复措施

目前我国水、土资源拥有量仅能保证 5 亿吨粮食生产能力,远远不能满足人口日益增长的巨大需求。我国能源紧缺矛盾十分尖锐,而生物质能源发展必须保障"粮食安全"的前提。我国是农用耕地资源严重缺乏的国家之一,人均耕地 0.11 hm^2,土地资源将成为制约我国 21 世纪经济发展的关键因子。盐碱土作为我国重要的后备耕地资源,其合理开发对保障我国耕地安全具有重要的意义。沿海滩涂盐碱土开发利用可以提供食物来源,并成为能源等重要经济植物的生产载体,利用沿海滩涂盐碱地等后备土地资源进行种植、利用能源植物种植和生产替代石油,可以满足社会对食物和能源不断增长的需要。河北省滨海平原区土壤盐渍化严重,利用北方滨海平原地下咸水与冬季冷资源并存的特点,充分利用季节温度的变化规律,在冬季低温条件下,以地下咸水对盐碱地进行结冰灌溉,使盐碱地表覆盖冰层,从而影响土体内部的冻融过程,减缓土体内因冻融作用而产生的潜在积盐过程,并利用春季冰融化时发生水盐分离产生的淡水对土壤的淋洗作用,可以达到改良盐碱地的目的。试验表明,冬季采用地下咸水结冰灌溉滨海盐碱土,春季融冰时土壤含盐量显著降低。菊芋属菊科向日葵属,是为数不多的抗逆高产、高密度能源植物。该植物耐寒、耐旱、耐贫瘠、耐盐碱,适于非耕地粗放种植,产量潜力大且能源密度高,生物产量及产糖量具有显著的优势,可作为工业酒精的上乘原料,每公顷每年生产的块茎可以转化成 4 500 L 乙醇和碳氢燃料,地上部茎秆是造纸的上乘原料,同时是较好的膳食纤维,其叶片也是生产抗氧化剂和生物杀虫剂等的较好原料,可在我国沿海海涂和内陆荒漠、盐碱地大面积种植。在滩涂地、沿海岸被海水浸渍的盐碱地、荒漠沙地上种植菊芋,可以为人类提供更多的生物质资源,创造更多的就业机会,同时节约农业成本,减少滩涂水土流失,加速滩涂土壤的熟化过程,可以充分利用海涂非耕地资源、非灌溉水——海水资源,获得经济、生态和社会三重效益。

盐碱区适应性农作制度是建立在适应盐碱区水土资源条件基础上的,其不同于传统的盐碱地改造所形成的农作制度,必须有相应的创新技术体系做支撑。在为此建立的技术体系中,重点应围绕防止春季返盐和咸水资源的利用,并辅以相应的土壤培肥与管理技术,以保证作物生长。耐盐经济特色植物的开发利用是盐碱区最具潜力的适应性农作制度,这一制度的建立尚在起步阶段,与之相联系的技术问题亟待解决,涉及品种、种植、加工等诸多方面。菊芋抗性强,适应性广,利用冬季咸水结冰灌溉能够达到可观的产量,有可能作为带动盐碱区新型农业产业的发展的突破口之一。但是,河北海兴滨海盐碱地区的盐碱土水盐变化与周围的水、热条件密切相关,咸水结冰灌溉与土壤质地、潜水深度、咸水离子组成及冬季温度变化有密切的关系,必须按照农作制度设计的基本原则,充分协调盐碱区资源、环境及社会经济发展需求,建立起盐碱地区域适生农作制度和技术体系,盐碱区农业才能获得高效持续发展。

在河北海兴滨海盐碱地区,冬季咸水结冰灌溉后,春季融水入渗可以降低土壤含盐量,为春季菊芋播种出苗创造了适宜的土壤水分和低盐环境;地膜覆盖可以抑制土壤返盐并有集水淋盐作用;咸水冬季结冰灌溉结合融水入渗后地膜覆盖可降低土壤盐分对菊芋的毒害作用,保证了菊芋的正常生长,使菊芋产量得到显著提高。

河套平原地处内陆,是我国西北最主要的农区与生态脆弱区,河套灌区排水不畅,导致原生与次生盐碱化并存,盐碱地面积大、程度重,严重影响该区生态、农业和经济社会发展。因此迫切需要研发与该地区自然资源与社会经济条件相配套、环境友好型的盐碱地生态治理理论与技术,以提升河套平原生态系统稳定性、土地生产力和资源利用效率。

从已有研究看,我国干旱半干旱区呈现出土地盐碱问题与灌溉长期并存、局部盐碱化减缓和持久性的盐碱反复及加剧并存的现状,运用生态理念综合治理改良是实现盐碱地持续利用的长效途径。杨劲松和姚荣江 2015 年提出了"基础研究＋前沿技术研究＋应用示范＋产业推进"的全链条式盐碱地综合治理理念。因此,河套平原盐碱地治理利用必须开展多层面的生态化治理关键技术研究,攻克盐碱地障碍消减的理论瓶颈和盐碱地生态治理利用中的技术、产品和产业难题,构建盐碱地治理的可持续发展模式,为规模化生态治理和利用河套平原盐碱地提供技术支撑和储备。项目采用"基础理论＋核心技术＋新型装备＋产业技术＋模式示范"集研发、集成、示范、推广于一体的整体思路,从理论上揭示河套平原土地盐碱化演变规律、驱动机制与盐碱障碍生态消减原理;在技术层面,研发盐碱地生物优选利用、高效节水控盐、灌排生态工程、精准调理改土等生态治理与修复关键技术;在装备与产品层面,开发新型无沟排盐暗管机、滴灌控盐装备等盐碱地整治工程设备,研制复合生态型盐碱调理改土制剂产品;在产业技术层面,以内蒙古、宁夏河套平原不同类型盐碱地以及林果、草饲、粮经等特色产业为对象,建立资源循环、节本高效、环境友好型的生态产业关键技术,创建河套平原盐碱地生态导向型治理修复技术体系与可持续发展产业模式,实现河套平原盐碱地生态产业体系上、中、下游无缝衔接与技术模式集成、示范、推广的一体化推进。

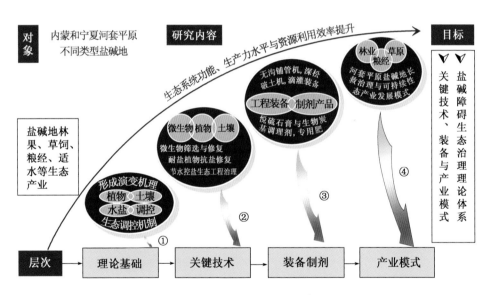

内蒙古和宁夏河套平原盐碱地开发策略

1. 盐碱地形成机理与盐碱障碍生态调控机制

主要研究河套灌区盐碱土时空演变规律,分析不同景观尺度水盐的源、汇转化和迁移时空变化特点。研究盐碱土形成及其驱动机制,分析人为活动与地下水-土壤-植物-大气系统(G-SPAC)中盐分的迁移、转化以及季节性变化的内在关联,揭示盐碱地形成的驱动机制。研究多尺度土壤水盐动力学过程与盐分均衡,分析不同尺度土壤积盐和脱盐的动力学机制,构建水盐运移多过程耦合模型与盐渍化预测预报系统,分析灌区盐分平衡状态演变过程。研究盐碱障碍生态调控机制,分析外源秸秆、覆盖、绿肥、有机肥等生态化措施对盐碱地土壤水盐运移过程的阻控效果,探讨其在促进土壤脱盐、植物生长以及耕层土壤熟化等方面的作用机制,研究不同调控措施下盐碱障碍土壤的生态反馈机理。

① 生态导向型盐碱地长效治理与修复关键技术。

研究盐碱地微生物治理与修复技术,筛选出具有耐盐、抗逆、促生等多功能的微生物菌株,研究高效扩繁技术体系,开发出适宜于盐碱地林果、牧草、农作物的生物专用肥,建立配套的优化施用技术并示范。研究耐盐植物品种筛选和抗盐种植修复技术,研发适合各选育种质特点的良种筛选与繁育技术体系,收集和筛选生态型特色耐盐碱林果、饲草、农作物种质,并有针对性地研发耐盐植物的配套种植技术,建立耐盐植物品种抗盐种植生态修复技术体系并示范。研究次生盐碱地节水控盐与生态工程治理技术,研发高效节水灌溉植物适宜生境快速构建、高成活率微生境营造等技术,建立基于水盐信息实时反馈的灌排信息化管理系统,构建高效干排盐生态工程治理技术、系统设计方法并示范。

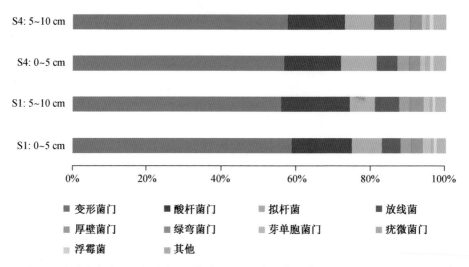

两个不同盐胁迫水平(S1:低盐和 S4 高盐)以及两个土壤深度(0～5 cm 和 5～10 cm)土壤

② 控盐排盐型工程装备与制剂产品研制。

研发无沟暗管机、新型滴灌装备与自走式深松破土机等控盐排盐型盐碱地整治装备,研制基于电液控制、机电液一体化等先进手段的高效率、高精度新型无沟铺管机实用型样机并示范应用,开发集成控制、过滤、注肥、土壤墒情监测等关键系统的低压管道式节水灌溉装备并示范,突破深层破土系统关键零部件设计,研制大型自走式深松破土机样机并示范应用。开发生态友好型、节本高效型复合改良调理制剂,研制以脱硫石膏为主料、添加高价阳离子材料的复合高效土壤调理剂并示范应用,开发由土壤盐基离子敏感高分子材料与脱硫石膏耦合的高分子吸附型土壤调理剂并示范,研制优化热裂解与工艺流程、生物质炭定向修饰的生物质炭基盐碱地调理剂并示范应用。

③ 盐碱地综合治理技术体系与生态产业可持续发展模式。

研究宁夏河套盐碱地节水生态治理和酿酒葡萄、枸杞等特色林果产业技术并集成示范,形成基于节水精量灌溉、暗管排盐、脱硫石膏等关键技术的盐碱林果地综合治理技术体系,研发并耦合酿酒葡萄、枸杞废弃物资源化利用技术,创建可持续林果生态产业发展模式并县域示范。研究内蒙古河套东部盐碱地抗盐生态治理与苜蓿、青储玉米等优质草饲产业技术并集成示范,形成基于耐盐草饲品种、改良调理剂、快速建植生态修复等关键技术的盐碱草饲地综合治理技术体系,研发并耦合草饲"产-加-贮""生态-生产-生活"等产业技术,创建可持续草饲生态产业发展模式并县域示范。研究内蒙古河套西部盐碱地工程——生态治理与食葵、玉米等高效粮经产业技术与集成示范,形成基于暗管洗盐、深松排盐、节灌控盐等关键技术的盐碱农作地综合治理技术体系,研发并耦合秸秆循环利用、控盐水肥一体化等生态产业技术,创建可持续粮经生态产业发展模式并进行县域示范。

盐土养殖业

随着近年来分配给河套灌区的黄河水资源逐年减少,河套平原灌区及周边的脆弱生态系统面临着严峻挑战。尽管河套平原盐碱化土壤改良与植物适应性种植技术已有较好积累,但生态系统的形成与稳定具有长期性,河套平原盐碱地生态治理仍任重而道远,需要长期的关注与投入。传统的灌溉洗盐方法受灌区淡水资源不足、地下水埋深浅、地形地貌的影响导致整体排水排盐困难,增强控盐排盐对维持局部区域水盐平衡至关重要,因此需要重视高效率、低成本、自动化控排盐工程装备的研发。同时,当前以生态修复为目标的盐碱地林、草、农经济价值不高,耐盐林、草、农品种的筛选应注重低成本、高品质与高附加值。低强度人为影响条件下,节水型快速土壤改良和植被构建与生态系统稳定技术,以及灌区尺度灌排系统优化与节水灌排制度是近期及未来盐碱地生态治理修复研究的重点。河套平原次生盐碱地土壤质地黏重,灌溉后土壤入渗性能与淋洗效率较低,应重点突破咸水/微咸水等多水源综合利用高效节水控盐技术。此外,建立基于现代传感、物联网等技术的水盐实时监测系统,制定配套的节水控盐灌溉制度,实现灌区地表水与地下水多水源联动与精量灌溉水盐均衡调控。

耐盐棉花　　　　　　　　　　　　　　　耐盐作物

2. 生物炭和无机肥对盐碱滩涂围垦农田土壤性状的影响

随着我国城市化和工业化进程加快推进,土地资源特别是耕地资源的占用日益严重,全国平均每年减少耕地 600 万亩,且多是优质耕地。面对严峻的土地资源紧缺形势,开发新耕地提高农作物种植面积,满足不断增长的粮食需求,是当前的迫切任务。耕地后备资源是耕地重要的补充来源,在耕地占补平衡中具有重要的作用。我国海岸线绵长,沿海淤泥质滩涂是重要的耕地后备资源之一,滩涂围垦开发在发展经济、保持耕地占补平衡等方面发挥了巨大作用。

盐渍化是制约滩涂开发利用的首要障碍因子。在围绕盐渍化治理的过程中,农业种植不可避免地在作物生长各个阶段使用传统的化学肥料以促进作物生长。化学肥料利用效率低,长期施用会对土壤及地下水造成严重的负面影响,威胁生态安全。在滨海滩涂区,水体和土壤污染可间接或直接地影响

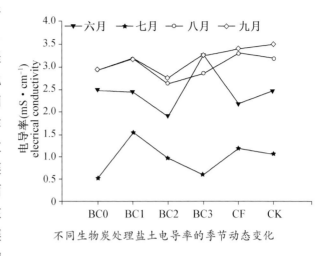

不同生物炭处理盐土电导率的季节动态变化

近海水域的水体质量,破坏原有的生态平衡。因此,提高肥料利用效率,减缓或阻止化学肥料施用对环境造成危害的程度,是开发滩涂资源的一项重要课题。

生物炭施入土壤,能提高雨水的洗盐效果并阻止或抑制盐分由下至上影响作物生长层土壤。研究发现在未种植作物仅施用生物炭和无机肥的条件下,土壤容重在实验结束时较处理前增大,土壤的持水性降低。生物炭的添加对盐分在表层耕作层的积聚起到了一定的缓冲作用,无机肥施加又制约了生物炭的这种缓冲作用。

我国每年产出八亿吨的农作物秸秆,其中有高达 40% 作为废料直接就地焚烧。秸秆生物炭化还田可以减轻碳排放的压力,减少温室气体排放。滩涂围垦区施加生物炭及其炭基肥可以改善土壤结构、培肥地力,在消化大量农作物秸秆的同时为主要粮食产区的发展分担压力。尽管不同情况下制备的生物炭都呈碱性,但生物炭本身所具有的原材料多样、性质稳定和孔隙发达的特点使其在盐碱滩涂改造中仍有较广阔的应用前景。

3. 农艺措施对黄淮海平原盐碱障碍农田土壤酶活性的影响

据调查,中国盐渍土面积约为 3.6×10^7 hm^2,占全国可利用土地面积的 4.88%。其中耕地中盐渍化面积达到 9.209×10^6 hm^2,占全国耕地面积的 6.62%,主要分布在西北、华北、东北和沿海地区。研究发现,秸秆覆盖可以改善土壤质量,增加作物产量,显著提高社会、生态、经济效益:玉米秸秆对土壤物理性状的改良效果不明显,但化学性状的改良效果较为明显;芦苇秸秆覆盖可降低

土壤体积质量和含盐量,提高土壤氮、磷、钾和有机质质量分数。秸秆覆盖和土壤结构调理剂配合能显著增加作物产量,互花米草/羊粪混合堆肥还田能改善土壤理化性质,提高土壤肥力,增加作物产量。土壤酶是土壤有机体的代谢动力,与土壤理化性质、土壤类型、施肥、耕作以及其他农业措施等密切相关,土壤酶活性对灌溉有着显著的响应。已有研究主要集中在农艺措施对作物产量的效应,而涉及土壤酶活性的研究鲜见。黄淮海平原位于中国东部,总面积约 $3.1 \times 10^5 \ km^2$,是我国主要的粮食生产基地,土壤盐渍化危害严重,虽然经过连续多年大规模治理,土壤盐渍化面积显著减少,但是黄淮海平原土壤盐渍化和次生盐渍化危害远未根除。为此,以黄淮海平原盐碱障碍农田土壤为研究对象,应用秸秆覆盖、适量灌溉、适度施用氮肥等农艺措施改善土壤环境,探究土壤酶活性的变化,以期揭示农艺措施对盐碱障碍农田土壤环境的改良效应。为黄淮海平原盐碱障碍区改善土壤环境措施的选择和保障国家粮食安全提供重要的理论依据。秸秆覆盖和适度增施氮肥可以显著提高黄淮海平原盐碱障碍农田土壤酶活性,改善土壤环境。在黄淮海平原盐碱障碍农田应当大力推广应用秸秆覆盖并适度增施氮肥。

4. 滨海盐碱地绿化理论技术研究

滨海盐碱地绿化理论技术研究是当前园林绿化与生态环境建设等领域的重要研究热点。中国有 11 个省(区)市分布在海岸线上,大陆海岸线 18 340 km,岛屿海岸线 11 159 km,并拥有沿海滩涂面积超过 $2 \times 10^4 \ km^2$。我国沿海各省、市、自治区约有 $1.8 \times 10^4 \ km$ 的滨海地带和岛屿沿岸,广泛分布着各种滨海盐土,总面积可达 $5 \times 10^5 \ km^2$。环渤海的天津滨海新区、河北曹妃甸新区、辽宁沿海经济带和长江三角洲的上海浦东新区、江苏沿海经济带,都已纳入国家发展战略,各地滨海新区高起点规划、高标准建设的原则都是以"生态、环保、可持续"为发展目标,绿化问题尤为突出。这些地区土壤含盐量高,大部分园林植物无法生长,绿化难度极大。我国目前在盐碱地绿化方面的研究主要是盐碱地改良的技术工程措施、耐盐碱植物的选育与引种研究、滨海盐碱地植被体系的构建,原土绿化园林及绿地的养护管理等。

我国滨海盐碱土大多为微碱性,pH 在 7.5～8.5 之间,绝大部分为氯化物盐土类型。改良盐碱土,应首先了解盐碱土的成因。研究表明气候、地形、地质、水文和水文地质、生物因素以及人类经济活动等是影响盐碱土成因的重要因素。

考虑到盐碱土成因的不同,盐碱地的治理应遵循"因地制宜"的原则。小范围内采用"客土"改良的措施无疑起到相当好的效果,但"客土"绿化成本高、成活率低等问题突出,加上对土源地生态的破坏以及盐土堆放等一系列问题,不宜推广。这就需要对含盐量高的土壤进行改良。滨海盐碱土的改良需要物理、化学、生物等单项措施与水利工程设施相结合,才能达到较好的改良效果,形成滨海盐碱地特有的植被体系与生态景观。

① 物理措施改良盐碱土。

传统的物理改良盐碱土方法主要有平整土地、深耕晒垡、及时松土、抬高地形、微区改土等。现代物理措施改土绿化主要包括铺设暗管排水、铺沙、覆盖等方法,通过调控土壤物理结构调控土壤水盐运动,达到抑制土壤蒸发、提高入渗淋盐的目的。根据"盐随水来,盐随水去"的原理,采用暗管排盐等水利工程设施能有效降低土壤盐分和 pH,并能将地下水位控制在临界深度以下,能使土壤有效脱盐并防止次生盐渍化的发生。张万钧等确立了潜水"允许深度"的概念,使暗管水平排水工程技术得以在潜水、淤泥质软基础地区实现,发明的"浅密式"排水工艺为我国滨海浅潜水海涂地区的开发提供了完整的技术方法。

排水管理

地面覆盖可以减少水分蒸发损失、提高土壤水分利用率,减少盐分在表层和植物根系的积累,防止返盐。在洗盐缺乏淡水、排水渠道不畅的情况下,采用地面覆盖是抑制土壤水分蒸发,减少土壤盐分表聚的重要手段。覆沙或加沙的土壤毛管孔隙大、不能形成毛管吸力作用,限制下层盐碱土的盐分上移,起到"沙压碱"的作用。地膜、玉米秸秆、沙子三种覆盖方式对滨海盐土水盐运动和刺槐生长的影响在于覆盖可以有效保持刺槐林下地表和根系层土壤水分,减少盐分积累,并缓解水盐运动的剧烈变化。地膜和秸秆覆盖土壤增加了土壤各层水分含量、不同程度增加了土壤有机质和速效氮、磷、钾等养分含量和微生物数量,同时具有增温效应。吴亚坤等的研究表明地面草帘覆盖控盐效果及对于植被的恢复能力明显优于稻壳覆盖与地膜覆盖。阎旭东等的研究表明,添加5%的玉米秸秆和珍珠岩可提高土壤渗透性。

此外,物理改土方式还能促进滨海生态系统废弃物资源的综合利用。张万钧等采用电厂粉煤灰、碱厂碱渣、河口海湾泥按一定比例混合后作为新型"土壤"进行滨海泥质滩涂生态的恢复工程研究,得出海湾泥与碱渣或粉煤灰适合植物的生长的最佳比例为3∶1。

物理措施改良盐碱土应将传统与现代措施相结合,进一步优化技术体系、降低成本,结合工程措施达到更好的改良效果。

滩涂土壤灌溉洗盐技术

滩涂土壤排水淋盐技术

滩涂土壤覆盖控盐技术

② 化学措施改良盐碱土。

化学改良方法即向土壤中添加如石膏、有机肥等化学改良剂,根据酸碱中和原理在短期内改善土壤的理化性质,从而达到降盐、降碱的目的。一般将化学改良剂分为两类,一类是含钙物质如石膏、磷石膏、亚硫酸钙、脱硫石膏等,另一类是酸性物质,如黑矾、风化煤、糖醛渣等。研究发现使用硫酸、磷石膏、燃煤烟气脱硫副产物(FGD)及乳酸石膏改良盐碱土壤时,最经济有效的改良剂是 FGD,其能有效抑制土壤板结。利用脱硫副产物改良碱性土壤的研究表明:施加脱硫副产物增加了葵花的出苗率,降低了土壤的碱化度、全盐量,但过量施加脱硫副产物也会抑制作物的出苗和生长。利用工业副产品硫酸改良盐碱土,获得明显成效。化学改良剂改良盐碱土的研究需要探讨改良剂的用量以及不同改良剂的

混合效应以及混合比例。有研究通过室内模拟盆栽改良实验研究了不同用量硫酸铝对盐碱土的改良效果及施用后对土壤中磷素营养状况的影响,改良剂用量在 0.4% 时最好。改良剂与石膏配施效果比单施改良剂好,腐殖酸与石膏配施改良效果最佳。化学改良剂不但能改良盐碱土的理化性质,还能改善盐

改良剂与调理剂使用

碱土的微生物生境,增加土壤微生物种群与数量。盐碱土施入硫黄后微生物活性显著提高,微生物含量和种类均明显增加,pH降低。化学改良剂一般成本高,探索新的低成本化学改良剂与废弃物的合理利用将是今后的研究重点。

滩涂土壤淋盐增强的化学改良技术

③ 生物措施改良盐碱土。

生物改良措施主要包括种植耐盐植物、植树造林、种植绿肥等。生物改良盐碱地,灌溉水利用率高,又利于生态环境的良性循环和永久性建设。种植耐盐植物可以减少土壤蒸发、防止返盐、降低土壤盐碱化程度。绿化植物一旦在盐碱土上成活,就会对盐碱土壤产生良性效应,促进土壤的脱盐。耐盐植物可以降低盐碱土的含盐量、pH,某些植物可以吸收土壤中的盐分并能通过地上部分的收获而去除。通过比较种植盐地碱蓬和对照土壤的电导率、有机质和微生物数量的差异,并对天津河口滨海盐碱地进行生物修复,得到了较好的修复效果(吉志军等,2006;林学政等,2005)。此外,植物根系分泌物如多糖、蛋白质和酚等的氧化作用及土壤生物分泌的有机酸,能增加根际的 CO_2 分压,提高土壤酸度和质子含量,溶解 $CaCO_3$,生成 Ca^{2+} 置换 Na^+,经淋洗降低土壤盐碱度。

土壤有益微生物在其生命活动过程中,能产生大量的有机酸,并能释放土壤中的氮磷钾等养分,改善土壤的理化性质和生物性质,增加土壤肥力。

有机肥制作与应用

盐碱土改良利用的主要功能菌有有机磷细菌、硅酸盐细菌及光合细菌等。对天津滨海盐碱地区绿地土壤微生物特性研究表明,不同绿地植物配置模式下 0～40 cm 土壤微生物数量差异显著。

在实际的操作过程中,应将物理、化学、生物改良盐碱土的方式综合应用,才能达到较好的治理效果,在做好灌排的同时,施用改良剂和有机肥,使土壤处于持续脱盐状态,有效防止返盐,更有利于绿化植物的生长,形成良性循环。

5. 滨海盐碱地绿化植物选育与植被体系构建

滨海盐碱地区由于土壤条件苛刻,土地生产力低,难以建立植被,严重制约这些地区绿化造林的质量和数量。所以,耐盐植物的选育与引种研究是滨海盐碱地绿化的关键一步。

① 滨海适生植物耐盐性。

滨海盐碱地适生植物包括盐生植物及耐盐碱植物,盐生植被的研究为盐碱土地生态治理、提高生产力、改善生态环境以及盐碱地开发利用提供了理论依据(徐恒刚,2005)。

植物耐盐性生理生化指标是研究植物耐盐机理和耐盐能力的基础。扬升等综述了耐盐植物的光合作用、叶绿素含量、叶绿素荧光参数、有机渗透调节剂、矿质元素、膜透性、丙二醛、抗氧化酶、抗氧化剂和脱落酸等生理生化指标研究进展。之前的研究者对多个树种的生理特性进行了耐盐性研究,并选取了生物量、叶绿素、脯氨酸、可溶性糖等生理指标等 9 个鉴定指标对树种进行了耐盐性的综合评价,认为应考虑尽可能多的耐盐指标以准确反映植物耐盐性能。

耐盐植物碱蓬子

② 耐盐碱植物选育。

在滨海盐碱土上种植苗木的技术主要包括 3 个部分：土壤淡化处理、苗木设施保护以及水肥重点养护。同时，由于盐碱地分布较为广泛，各滨海盐碱地气候、土壤条件差异大，不是所有树种在各种条件下都能生长，因此耐盐碱植物选育的原则有因地制宜、避免盲目，就某一盐碱地区而言，如果没有适生的耐盐树种，就需要引进或培育。如从当地适生植物中选择优良品种，从生态环境近似的

常见耐盐植物品种

地区引进优良品种,利用传统与现代育种技术育成新品种等。南京大学生物技术研究所引种三角叶滨藜到江苏盐城沿海滩涂获得成功。汤庚国教授 1998 年获"948"项目资助,先后从美国东南部引种槭树、白蜡树品种 10 多个,培育苗木数 10 万株,在盐城市、上海市等滨海盐碱地推广造林数百亩。有研究者引进了苏柳、竹柳等四种乔木柳在上海进行了适应性试验,在 0.25％ NaCl 胁迫条件下插条水培枯死率为 20％。

随着基因工程技术的发展,在育种上的应用打破了传统育种无法实现的种间杂交的限制。国内外学者对植物的耐盐生理以及耐盐分子机理进行了大量的研究,大量的耐盐相关基因被发现、克隆和转入植物体,为滨海耐盐植物的选育提供了丰富的种植资源。

尽管国内外近 20 年来已分离克隆出许多耐盐基因但是仅有少量的基因被用于转化工作转入少数几种植物,单基因的导入可在某种程度上提高植物的耐盐性,但目前并没有获得真正意义上的转基因耐盐植物新品种,尚有待依托科技进步进一步研究。

③ 滨海盐碱地绿化植被体系构建。

滨海盐碱地绿化植被体系的构建,应设法改善地块的基质性质,使其适合植物的生长。用生态学理论指导植被构建,使其符合自然法则、社会经济技术原则、美学原则等。

滨海盐碱地的绿化工程实施前应做好排水设施的建构,如设置下水管道、浅暗排水沟、填平绿化区域地面等,可以及时排走地表径流返盐,防止因积水造成土壤通气不良。同时,为了节约灌溉用水、降低成本、灌溉及时、提高洗盐效果,宜采用滴灌(祁通、侯振安,2012)。李国华等采用客土、草炭、蛭石和珍珠岩做基盘育苗,用"十字"式炉渣排盐阻盐对四年生白蜡和香花槐进行了育苗研究,结果表明种基盘具有隔盐作用,树苗成活率增加。

苗木种植后加强养护管理,可以增强树木的生长势,提高树木的成活率。新种苗木缓期内对盐胁迫非常敏感,这个时期加强树木的水肥管理,是保证苗木成活的关键,在做好排水的前提下,进行地面覆盖、及时松土、增施有机肥等都能促进苗木生长,增加苗木的成活率。此外,还应根据不同树种采取不同措施防止在盐碱胁迫下植物易发生的病虫害。

滨海盐碱地的绿化涉及多个学科知识的交叉综合,尽管近年来滨海盐碱地的改造尤其滨海发达市的绿化受到了较高的重视,但目前仍没有形成统一的理论与技术体系,应在以下方面加强研究。

首先,我国科学工作者在农田和滩涂盐碱土的改良方面做了大量工作,然而在滨海盐碱地的绿化方面的研究还比较少,怎样将以提高农作物产量、增加盐滩生物量为目的的大面积盐碱地改良技术经过总结并进一步改进应用到小区域绿化上将是今后研究的重点和方向所在。

其次,微生物在改良盐碱土上的作用不容忽视,应在微生物肥料、微生物改良盐碱土的机制等方面进一步探索。

再次,海盐碱地绿化应根据不同地区特点因地制宜,分子及基因层面的植物耐盐机制与耐盐性能提升理论是需要继续深入研究的重要方向,利用现代育种技术与传统育种方式相结合选育耐盐碱植物新品种将是滨海盐碱地绿化的重要突破口之一。

最后,后期管养对于滨海盐碱地绿化尤其重要,滨海绿地的水肥盐持续协同管理技术研究将是今后一段时间内非常迫切的课题。

4.2.8　不同措施对盐土改良效果评价

1. 不同调控措施对轻中度盐碱土壤的改良增产效应

黄淮海平原位于我国东部,总面积约 3.1×10^5 km²,是我国农作物的重要产区之一,经过持续多年大规模的治理,土壤盐渍化面积显著减少,但是黄淮海平原土壤盐渍化和次生盐渍化危害远未根除,仍存在各程度盐碱障碍土壤约 3.33×10^4 km²,其他面积土壤多不同程度地受到次生盐渍化的威胁。有关盐渍土的改良与管理前人做了较大量工作,盐渍土改良利用的传统措施是淡水淋洗压盐、客土转移和耐盐植物种植改良等,秸秆覆盖能拦蓄雨水、减少地面径流和地表蒸发,使土表与空气的接触面变小,利于土壤保水,对盐渍土有非常明显的保持土壤水分、抑制地表返盐、促进降雨淋盐、保持土温、促进作物生长和发育、提高作物产量等作用(刘玉新、谢小丁,2007)。应用土壤结构调理剂是近年来研究应用较多的一种盐碱地改良方法。研究者根据在小麦-玉米轮作体系下进行的连续3 年田间试验,研究了秸秆覆盖和施用土壤结构调理剂对黄淮海平原轻中度盐碱障碍土壤的改良增产效应,从促进土壤脱盐、作物增产、经济效益提升以及土壤养分积累等多方面较为系统地研究分析了不同调控措施的应用效应及其机理。研究可以为黄淮海平原盐碱地改良与可持续利用,以及保持区域农田生态系统稳定提供重要依据和实用技术支撑。

在黄淮海平原轻中度盐碱障碍农田小麦-玉米轮作制度下,秸秆覆盖、结构调理剂、秸秆覆盖结合结构调理剂等调控措施均有效降低了耕层土壤盐分含量,各调控措施脱盐效应的优劣顺序为:秸秆覆盖结合结构调理剂>秸秆覆盖>结构调理剂。3 种改良措施均能显著增加作物产量和提高经济效益,其中秸秆覆盖结合结构调理剂的增产效应最为显著,小麦和玉米较对照分别增产 21.48% 和 20.61%;秸秆覆盖次之,小麦和玉米较对照分别增产 14.99% 和 16.36%。秸秆覆盖和秸秆覆盖结合结构调理剂都能够显著提高耕层有机质含量,较对照分别提高 8.33% 和 9.27%。秸秆覆盖促进了土壤养分的积累,尤其是土壤全氮、碱解氮和速效钾含量显著增加。综合考虑土壤脱盐、作物增产、经济效益和土壤养分变化等效应,秸秆覆盖结合土壤结构调理剂为黄淮海平原轻中度盐碱障碍土壤的较佳调控措施,秸秆覆盖为次优调控措施。

2. 两种盐土改良剂对苏北滨海盐碱土壤盐分及植物生长的影响

江苏滩涂土地资源的总面积为 6.873×10^5 hm^2,约占全国滩涂总面积的 1/4,每年净增面积约 1 100 hm^2,属典型的淤泥质淤长型海岸段。虽然苏北沿海滩涂围垦开发历史悠久,已取得巨大社会经济效益,但目前来看,盐渍化依然是制约苏北海涂土壤开发利用的主要障碍因子之一,其盐分重、保水保肥性差、结构不稳定、组成以氯化物为主,不经改良很难适应作物生长。在滨海盐碱化土壤改良治理技术方面已开展了大量的研究工作,提出了物理改良、水利工程改良、化学改良、生物改良、农艺改良等技术措施。盐土调理剂在一定程度上能增加土壤容重、孔隙度,降低土壤 pH,减轻 Na$^+$ 盐害,增加土壤养分、微量元素。但盐土改良剂的种类很多,其组成、作用机理不同,改良效果差别很大,许多作用机制不清的化学改良剂存在造成土壤污染的风险,研发和筛选不同类型的改良剂,是高效利用滩涂盐碱地的重要手段。

根据江苏滨海盐碱土壤的特点,新型改良剂由浮石粉、脱硫石膏、炼钢钢渣等载体成分及生物活性物质按不同量配比而成。牛粪是改良土壤的良好材料,能够疏松板结土壤,有益于土壤中微生物的活性及土壤微量元素活性提高,并且有成本低、质量稳定的特点。海蓬子是一种能生长在海滩、盐碱地上的,具有药用、经济价值潜力的作物(易金鑫等,2010;邵万宽、张春银,2004),该研究用海蓬子作为盐土改良效果的指示植物。土壤盐分的测定是土壤盐渍化研究工作中的重要内容,传统的土壤盐分测定方法不能快速诊断和测定土壤盐渍化,土壤表观电导率法具有快速响应的优点,可同时测定土壤水分和盐分。研究者测定土壤不同深度的电导率,探讨了新型改良剂及其与牛粪的交互作用对滨海盐碱地的改良效果,根据土壤含盐量及对地上植株的生长的影响,筛选最优化改良组合,探索更高效、成本更低的盐碱地改良方法。

盐碱土壤改良是全世界面临的一个问题,施用盐土改良剂改良盐碱土是在现代化工业的基础上发展起来的有别于传统的新方法。有研究表明,适宜的施加盐土改良剂能不同程度地改善盐土状况,脱硫石膏与天然有机物混合改良剂会影响盐化潮土理化性质,不仅能够改善土壤物理结构和化学离子组成,同时也为作物提供了丰富的腐殖酸及 Ca、S 等营养物质。磷石膏改良剂应用在江苏如东滨海盐土,能明显提高土壤养分、减轻盐害、降低 pH。王晓洋等研究了生物菌剂、腐殖酸等 5 种改良剂对滨海盐渍土水盐特性的影响,发现 5 种改良剂不同程度提高了作物的产量,以腐殖酸处理作物增产效果最为明显。已有试验研究得出复合改良剂产品有良好的改良效果,张凌云等利用研制的盐碱土壤修复材料、康地宝、禾康和德力施的改良剂产品进行黄河三角洲滨海盐渍土改土及改良剂筛选研究,发现四种改良剂均能不同程度降低土壤含盐量,提高作物产量。本试验所施用的新型盐土改良剂有多种载体成分,有多孔轻质具有疏松土壤作用的浮石粉,有吸附和交换作用的麦饭石粉和蛭石粉,可迅速代换土壤中钠离子的脱硫石膏等等,这些载体成分按照一定比例研制而成。在配方中还加入了微生物活性成分,各种氨基酸、维生素、葡萄糖等,增加土壤中微生物的活性。试验研究发现,这种新研发的盐土改良剂确实有很好的改良效果。单因素试验显示改良剂 A2 的改良效果最好,7 月份脱盐率达到 53.28%,由此可见,要控制新型盐土改良剂的施用量,改良剂并不能一次性解决盐碱化问题,因此,需要间隔性施用,以达到治理盐碱化的最终目的。牛粪在土壤中被微生物分解成可被植物利用的有机质,使土壤中有机质含量大幅增加。王睿彤等研究发现,牛粪和秸秆等富含有机物的改良剂对土壤的改良效果比较明显,且土壤有机质含量与牛粪和秸秆的量呈正相关。研究发现,牛粪对滨海盐碱土壤有良好的改良效果。单因素处理效果看,牛粪比这种新型改良剂的改良效果好,而且牛粪来源于试验基地附近光明奶牛场,方便且成本低。施加牛粪能显著增加海蓬子的株高和茎粗,这可能是由于施用牛粪在降低土壤含盐量的同时,能够提供给海蓬子足够的养分。盐分胁迫对植物的伤害作用主要是由于环境中过量的盐分造成的离子胁迫使植物细胞质膜受损,透性增大,选择性降低的缘故。在高盐浓度下,离子的选择吸收性能下降,Na^+ 对 K^+ 吸收的抑制增强,根系中 Na^+ 的含量几乎是 K^+ 的两倍。

一方面高浓度 Na^+ 抑制植物对 K^+ 的吸收,另一方面,Na^+ 的存在增加了盐分胁迫下根中 K^+ 向外渗透。罗以筛等试验研究了氮肥的施入增强了油葵对营养离子的选择性吸收与运输,抑制了油葵对盐害离子的选择性吸收与运输,表明在苏北沿海海涂上施用肥料能够改善油葵营养状况并增强油葵耐盐性,增加油葵籽粒产量。钙基质能够增强质膜的稳定性和 Ca 信号系统的正常发生和传递,阻止细胞内 K^+ 的外流和 Na^+ 的大量进入,氮肥能够降低盐分尤其是 Na^+ 对功能器官的伤害。本试验施用的新型改良剂中的脱硫石膏组分具有可置换土壤中可代换性钠的作用,另外牛粪中的氮含量高,因此,两种改良剂能减轻盐碱土壤盐分含量,降低对海蓬子的盐害,特别是 Na^+ 的危害,增加植物对 K^+、Ca^{2+} 的吸收。

单因素试验表明,牛粪和新型盐土改良剂都有良好的改良效果,表层改良效果更显著。研究发现,施用盐土改良剂均能不同程度地降低土壤的盐分,增加作物的株高和茎粗,A2B3 处理组合降低土壤盐分的效果最好,适宜于苏北滩涂盐碱地区的使用。另外,可以考虑将此种新研制的改良剂与微生物菌剂等多种盐土改良剂混施,做进一步的试验。盐碱土壤改良剂能够活化土壤中的微量元素及其本身含有的微量元素,同时也应注意跟踪研究长时间施用盐土改良剂对土壤中重金属等有害元素的积累和造成的其他不良效应。

3. 不同改良剂对苏北滩涂盐碱土壤改良效果研究

盐碱障碍已成为滩涂土地发展中迫切需要解决的重要问题。对于盐碱土改良剂调理利用方面,国内外学者做了很多研究,发现土壤盐碱改良剂能在一定程度上改善土壤性质,降低土壤盐分和 pH。但是,土壤盐碱改良剂种类较多,不同改良剂的组成、性质和作用机理的差别使得其在不同类型土壤上的改良效果相差较大。许多改良剂具有成本高、易造成污染、改土培肥效果不佳的缺点,一些现有的商品改良剂也存在作用机制不清、负面影响大和延续性差的缺点。故筛选合适的改良剂,是高效利用滩涂盐碱地的重要手段,而这方面研究尚不多见。因此,于苏北滩涂典型盐碱地进行的田间试验,研究了石膏、风化煤、微生物菌剂对土壤盐分、离子、养分以及作物的影响,旨在筛选出适宜于滩涂盐碱地的改良剂,为滩涂盐碱地的改良治理提供依据和参考。

① 土壤盐分的变化。

在苏北滩涂地区,玉米生育期一般为 5—10 月份,而在此期间,土壤盐分变化主要受到夏季降雨与秋季蒸发的影响,下图为不同改良剂处理条件下土壤盐分变化。可以看出,种植前各层土壤全盐量的变化规律表现一致,呈明显的底聚,这是因为玉米种植时间为 5 月份,受降雨淋洗的影响,盐分被淋洗至土壤底层,但由于受到春季剧烈积盐的影响,土壤 0~20 cm 土层含盐量均高于 20~40 cm 土层。在试验期初 0~20 cm、20~40 cm、40~60 cm、60~80 cm、80~100 cm 土层土壤含盐量范围分别为 1.53~1.98 g/kg、1.42~1.70 g/kg、1.64~1.85 g/kg、1.81~2.04 g/kg、2.04~2.24 g/kg,各处理间均无显著差异($p>0.05$),试验土地各土层平均含盐量分别为 1.66 g/kg、1.47 g/kg、1.74 g/kg、1.93 g/kg、2.12 g/kg。

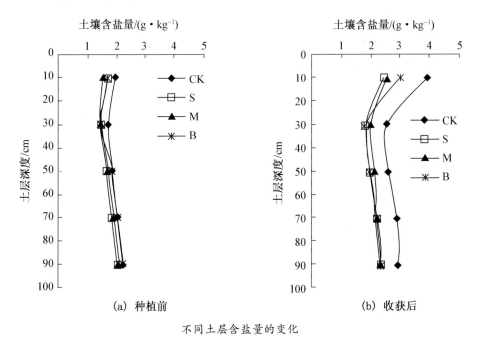

不同土层含盐量的变化

由上图可以看出,玉米收获后土壤含盐量较种植前均有所增加,这是由于玉米收获时处于秋季,降雨以及地面覆盖的减少,土壤蒸发强烈,土壤盐分向上运动,表层土壤含盐量增加。相比来看,CK 返盐最为强烈,0~20 cm、0~40 cm、0~100 cm 土体平均含盐量分别达到 3.98 g/kg、3.09 g/kg、2.92 g/kg,施用改良剂处理的各层土壤含盐量均显著低于 CK($p<0.05$)。在 0~20 cm 表层土壤中,施用石膏、风化煤与微生物菌剂处理盐分分别较 CK 低 37.5%、34.5%、24.0%;0~40 cm 分别较 CK 低 29.5%、24.4%、20.0%;0~100 cm 土体平均含盐量分别较 CK 低 24.3%、21.8%、19.9%。以上说明,改良剂在一定程度上有抑制土壤盐分

上升的作用。

②盐分离子组成变化。

不同处理 0～20 cm 土层土壤主要盐分离子量变化如下表所示。可以看出，种植前阳离子量占盐分总量的 45.5%～58.0%，平均为 51.6%，其中 Na^+ 量最高，约占阳离子量的 57.9%～78.6%。生育期结束后，土壤中阳离子量均有所上升。详细来看，生育期结束后 CK 中 K^+、Na^+、Mg^{2+} 分别增加 43.9%、186.6% 和 142.7%；石膏处理分别增加 0.00%、13.8% 和 126.2%；风化煤处理分别增加 −7.8%、57.1% 和 9.6%；微生物菌剂处理分别增加 −14.3%、70.2% 和 38.0%。在阴离子中，CO_3^{2-}、HCO_3^- 量仅占盐分总量的 1.3%～7.9%，种植前后土壤中 CO_3^{2-} 均较少，且变化不大；土壤中 Cl^- 量占含盐量的 26.2%～50.0%，收获后石膏、风化煤、微生物菌剂处理中 Cl^- 量分别较 CK 低 55.4%、14.0% 和 34.7%。石膏处理主要是提供大量的 Ca^{2+} 置换土壤胶体中的可交换性 Na^+，从而改善土壤通透性，而随着 Na^+ 的淋洗和大量 Ca^{2+} 和 SO_4^{2-} 的滞留，生育期结束后，Ca^{2+}、SO_4^{2-} 量分别较 CK 高 24.7% 和 86.5%。而风化煤与微生物菌剂处理的 Ca^{2+}、SO_4^{2-} 均较 CK 有所减少，分别低 23.2%、87.0% 和 64.1%、77.8%。以上结果表明，施用改良剂能在一定程度上改善土壤离子组成，其主要作用在于抑制表聚，减少土壤中有害的 Na^+、Cl^- 量，为作物提供良好的土壤环境。不同改良剂抑制 Na^+ 积累效果由大到小依次为石膏、风化煤、微生物菌剂。

不同处理表层土壤主要离子的变化　　　　　　　　　　　cmol/kg

处理		阴离子				阳离子			
		CO_3^{2-}	HCO_2^-	Cl^-	SO_4^{2-}	Ca^{2+}	Mg^{2+}	K^+	Na^+
种植前	CK	0.031	0.172	2.741	0.275	0.200	0.325	0.205	1.957
	S	0.016	0.188	1.276	0.175	0.200	0.175	0.154	1.261
	M	0.031	0.250	1.040	0.425	0.200	0.225	0.167	1.217
	B	0.031	0.172	0.914	0.325	0.125	0.250	0.179	1.022
收获后	CK	0.000	0.203	7.607	0.271	0.444	0.789	0.295	5.609
	S	0.016	0.266	2.835	0.324	0.493	0.396	0.154	1.435
	M	0.016	0.266	2.741	0.049	0.197	0.247	0.154	1.913
	B	0.016	0.266	2.221	0.074	0.197	0.345	0.154	1.739

③ 土壤 pH 的变化。

由下表不同处理土壤种植前后土壤 pH 的变化可以看出,不同处理间相同土层土壤 pH 无显著差异,说明土质较为均匀。收获后,土壤 pH 随土层深度的增加逐渐增加,相比 CK,在 0~20 cm 土层,施加改良剂处理土壤 pH 均有所减小,石膏、风化煤与微生物菌剂分别较 CK 降低 0.12、0.22、0.17。其他土层没有规律性变化。表明 3 种改良剂均能在一定程度上降低 0~20 cm 耕层土壤 pH,与盐分作用土层一致,但总体来说对土壤 pH 的影响均不大。

不同处理土壤 pH 的变化

处　　理		0~20 cm	20~40 cm	40~60 cm	60~80 cm	80~100 cm
种植前	CK	9.19±0.01	9.66±0.10	9.80±0.12	9.91±0.12	9.93±0.08
	S	9.20±0.11	9.73±0.06	9.84±0.14	10.04±0.08	10.08±0.13
	M	9.27±0.10	0.75±0.09	9.94±0.10	10.06±0.13	10.10±0.13
	B	9.24±0.10	9.69±0.09	9.83±0.09	9.90±0.10	9.95±0.10
收获后	CK	9.30±0.03	9.86±0.02	10.00±0.10	10.03±0.13	10.07±0.11
	S	9.18±0.10	9.66±0.09	10.02±0.12	10.06±0.12	10.02±0.11
	M	9.08±0.09	9.71±0.13	9.94±0.10	10.01±0.13	10.04±0.11
	B	9.13±0.10	9.71±0.11	9.89±0.07	9.86±0.10	9.85±0.14

④ 土壤养分的变化。

土壤养分质量分数是衡量土壤肥力的重要指标,下表为不同处理条件下种植前后土壤速效氮、速效磷与有机质质量分数的变化,可以看出,种植前各处理土壤养分差异不大。收获后,CK 和石膏处理速效氮有所降低,而微生物菌剂和风化煤处理略有升高,特别是微生物菌剂收获后高达 64.8 mg/kg,较种植前升高 7.42 mg/kg。对于速效磷,生育期结束后 CK 处理变化不大,而石膏、风化煤和微生物菌剂处理分别提高 2.42 mg/kg、3.46 mg/kg 和 3.21 mg/kg,可能原因是风化煤与微生物菌剂中的有机质可以减少磷的固定,同时通过对土壤 pH 的降低,提高磷的有效性。

不同处理土壤中碱解氮(AN)、速效磷(AP)、有机质(SOM)的变化

处理	种植前			收获后			土壤养分盈亏		
	AN/ mg·kg⁻¹	AP/ mg·kg⁻¹	SOM/ g·kg⁻¹	AN/ mg·kg⁻¹	AP/ mg·kg⁻¹	SOM/ g·kg⁻¹	AN/ mg·kg⁻¹	AP/ mg·kg⁻¹	SOM/ g·kg⁻¹
CK	57.49	9.67	8.08	52.24b	9.99b	7.21b	−5.25	0.32	−0.87
S	61.91	9.35	8.24	59.96ab	11.77ab	7.44b	−1.95	2.42	−0.81
M	58.50	9.79	7.54	59.65ab	13.25a	8.80a	1.15	3.46	1.26
B	57.38	9.62	7.68	64.80a	12.82a	7.88b	7.42	3.21	0.20

生育期结束后各处理土壤有机质质量分数由大到小依次为风化煤、微生物菌剂、石膏、CK,其中风化煤与微生物菌剂处理较种前分别增加了 16.7% 和 2.6%,而石膏与 CK 较种前分别降低 10.8% 和 9.7%,分析其主要原因是风化煤和微生物菌剂中含有大量腐殖酸,施用后增加了土壤有机质。以上结果说明,3 种改良剂对土壤均有一定的培肥作用。风化煤能够增加土壤有机物的积累,提高土壤磷的有效性,而微生物菌剂本身能够提供氮、磷肥及有机质,还能促进土壤氮素有效化,减少磷的固定,石膏本身不能提供养分,但通过对土壤结构性质的改善,促进土壤养分的有效释放,也能在一定程度上增加土壤的肥力。

⑤ 玉米生长及产量的比较。

如图所示,各处理玉米株高、茎粗变化趋势基本一致。株高于 25~45 d 拔节抽穗期时生长最迅速,并于播种后约 55 d 达到最大,与此相似,茎粗于 25~35 d 拔节期生长最快并于播种后约 45 d 达最大。在苗期(15~25 d),不同处理间株高差异较小,自 25 d 开始,改良剂处理株高明显高于 CK,而不同改良剂处理间差别较小。稳定后(55 d 后),石膏、风化煤和微生物菌剂处理株高分别为 131.2 cm、135.2 cm 和 131.1 cm,分别较 CK 高 18.2%、21.8%、18.1%。不同改良剂处理茎粗略高于 CK,但并不显著,改良剂处理玉米间茎粗的差异较小。改良剂处理玉米产量均显著高于 CK,其中石膏处理产量显著高于其他处理($p<$ 0.05),达 3 594.9 kg/hm²,风化煤和微生物菌剂处理次之,分别为 2 687.9 kg/hm² 和 2 168.0 kg/hm²,但与 CK(1 879.0 kg/hm²)间无显著差异。从千粒质量角度来看,最高为石膏处理,达 225.5 g,其次为微生物菌剂处理,达 224.1 g,再次为风化煤处理,达 220.0 g,且均显著高于 CK(211.4 g)($p<0.01$),而改良剂处理间无显著差异。

通过田间试验,研究了石膏、风化煤和微生物菌剂 3 种改良剂对苏北滩涂盐

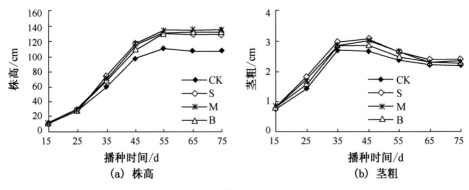

不同处理玉米株高和根茎的变化

碱地土壤盐分、养分以及作物产量的影响,结果表明,土壤改良剂能在一定程度上抑制土壤盐分和 pH 的上升,并改善土壤离子组成,降低土壤有害离子量（Na^+ 和 Cl^-),其中石膏效果最明显,在表施状态下,其主要作用土层为 0～20 cm。从养分角度来看,3 种改良剂均能在一定程度上增加土壤中的氮素、磷素及有机质质量分数,其中风化煤与微生物菌剂除自身能够提供一定的氮素与有机质外,还能促进土壤氮素的有效化,减少磷的固定;而石膏虽然本身不能提供养分,但其通过改善土壤性质,也可以促进土壤养分的释放和提高养分的有效性。基于此,3 种改良剂均能在一定程度上促进作物生长发育,增加株高与茎粗,并提高产量与千粒质量,而其中石膏作用更为显著。

综上所述,试验条件下,施用改良剂均能改善土壤性质,提高土壤肥力和增加作物产量,是滩涂盐碱地改良利用的有效方法。3 种改良剂中,石膏在降低土壤含盐量、Na^+ 量、Cl^- 量及提高作物产量方面效果最好,适宜于滩涂盐碱地区使用。另外,土壤盐碱改良剂不仅能够改善土壤化学性质,还能改善土壤结构,活化土壤中的微量元素,但由于试验条件限制,对该方面没有涉及。由于试验进行时间较短,改良效果不甚明显,作物产量仍远低于正常水平,因此,在滨海盐碱地改良方面,仍需结合经济效益和推广因素进行更深入的研究。

4. 适宜肥料与改良剂改善盐碱土壤理化特性并提高作物产量

黄淮海平原盐碱土壤不但理化性质差,而且土壤肥力也普遍偏低,作物产量低,当地农民长期采用增施化肥的方法提高产量,但效果并不理想。已有中外研究表明:提高农田肥力水平能够在一定程度上增加作物产量,并且土壤中有机肥、改良剂的施用在生产中均能取得一定的改良效果。土壤改良剂在一定程度上能够改善土壤的理化性状,有利于土壤养分的积累,能够有效提高作物产量,采用石膏改良盐渍土在国内外已有较多的成功经验,并且在盐渍土资源改良与利用领域受到了广泛关注。施用有机肥能够显著提高土壤有机质含量,提高土壤中速效养分含量,并且对作物产量的提高有明显的作用。但是针对不同肥力水平结合有机肥或土壤改良剂对盐碱障碍耕地的综合效应方面的研究较少。通过探索不同肥力水平结合有机肥或改良剂对黄淮海平原盐碱土壤脱盐、养分提高与作物增产效果的研究,旨在获得有效改良该地区盐渍化土壤性状、显著提高作物产量并且实现区域盐渍土壤资源可持续利用的优化施肥管理模式,为当地农田施肥管理提供依据,促进农民增收。

通过在黄淮海平原盐碱耕地上进行 2 年的施肥试验表明:

① 不同施肥模式对土壤盐分含量的影响。

高肥力结合改良剂和高肥力结合有机肥 2 种施肥模式能明显降低土壤盐分含量,耕层土壤盐分含量较试验开始时分别下降 34.48% 与 44.14%。进一步研究分析表明单纯增施化肥不一定能够在相对较短的种植年限内有效降低耕层土壤盐分,反而可能导致耕层土壤盐分出现一定程度的升高,这可能与化肥中的盐分离子进入土体有关;适宜的化肥用量结合有机肥或改良剂能够有效降低土壤盐分含量,这可能与有机肥或改良剂能够在一定程度上改善土壤理化性状并促进了土壤中盐分离子淋洗有关。化肥与有机肥或土壤改良剂配合施用具有明显的抑盐效果。

不同施肥条件下 0～20 cm 土壤盐分动态变化

施肥处理	不同年份耕层(0～20 cm)盐分质量分数 $(g \cdot kg^{-1})$		
	2010 年	2011 年	2012 年
高肥力	1.45	1.66a	1.91a
高肥力结合改良剂	1.45	1.07bc	0.95c
高肥力结合有机肥	1.45	1.04c	0.81c
常规施肥	1.45	1.52abc	1.60b
周围多家平均	1.45	1.58ab	1.80a

② 不同施肥模式对土壤养分的影响。

该地区不同施肥条件下的土壤有机质含量随试验时间的推进呈现出不同的变化规律:2011 年高肥力、高肥力结合改良剂、常规施肥和周围多家平均的耕层土壤有机质含量与试验初始值（2010年）相比差异显著，均有不同程度降低，这可能是因为当地有机质含量背景值较低，作物生长消耗了土壤中的有机质而没有能够及时得到补充，分别降低9.96％、5.12％、5.51％和6.19％，而高肥力结合有机肥的耕层土壤有机质含量升高了5.12％，并且2011年高肥力结合有机肥、高肥力结合改良剂与高肥力、常规施肥、周围多家平均施肥处理间有机质含量差异显著，2012年高肥力结合有机肥与高肥力结合改良剂处理间有机质含量差异也达到5％（$p < 0.05$），差异显著。

高肥力、高肥力结合改良剂和高肥力结合有机肥等3种管理模式下的耕层土壤全氮含量呈逐渐升高趋势，至2012年试验结束时，分别较试验初始值（0.61 g/kg）升高6.56％、6.56％和11.48％；而常规施肥和周围多家平均等2种管理模式下的耕层土壤全氮含量则呈逐年下降趋势。方差分析表明：2011年在所有施肥模式下0～20 cm土壤全氮含量差异不显著，高肥力结合有机肥处理与其他施肥模式间＞20～40 cm土壤全氮含量差异显著（$p < 0.05$）。2012年高肥力结合有机肥处理与其他施肥模式间0～20 cm土壤全氮含量差异显著（$p < 0.05$）；高肥力结合有机肥处理与常规施肥及周围多家平均施肥模式间＞20～40 cm土壤全氮含量达到差异极显著水平（$p < 0.01$）。这说明增施化肥结合有机肥能显著提高土壤中氮素的积累，这可能由于有机肥不仅改善了土壤的理化性状，有利于土壤中有机质的矿化分解，而且在高肥力结合有机肥这种施肥管理模式下，作物产量提高显著，从而有利于土壤有机物质的积累，而有机物质对土壤有机质的矿化有激发效应。

不同施肥模式下耕层（0～20 cm）土壤中碱解氮、有效磷和速效钾含量随时间的变化规律见下表。由表可知，不同施肥模式下，土壤碱解氮与速效钾的含量变化较为一致，均为上升趋势。试验进行了2年后，高肥力结合有机肥、高肥力结合改良剂的耕层碱解氮较试验初始时分别上升11.98％与5.97％，高肥力结合有机肥的速效钾含量上升了4.36％。方差分析表明：2011年高肥力结合有机肥与其他肥料处理间碱解氮、速效钾含量均达到5％（$p < 0.05$）差异显著水平；2012年高肥力结合有机肥与其他肥料处理间碱解氮、速效钾含量均达到1％（$p < 0.01$）差异极显著水平，高肥力结合改良剂与高肥力、常规施肥、周围多家平均施肥处理间碱解氮、速效钾含量均达到5％（$p < 0.05$）差异显著水平。分析原因可能为：一方面是施肥而带入的钾素，另一方面，高肥力结合有机肥增加了土壤中有机质的含量，有机质含量的提高可以减少土壤对钾素的固定，也促进土

壤中微生物(如钾细菌)对难溶性钾的转化。高肥力结合有机肥条件下＞20～40 cm 土壤碱解氮和速效钾的变化规律与0～20 cm 土壤一致，均表现出逐渐升高的趋势，这表明施加有机肥能够明显提高农田土壤中速效养分如碱解氮与速效钾的含量。各施肥管理模式下的耕层土壤有效磷含量均呈现出明显的降低趋势，且在试验进行1年后的降低量尤为显著，从试验初始值 9.22 mg/kg 平均降至7.20 mg/kg，高肥力结合改良剂条件下降幅最大，下降至 6.42 mg/kg，这可能是因为该地区有效磷含量严重不足，施加改良剂后由于改良了土壤理化性状更加适于作物生长，促进了作物对土壤养分的吸收利用从而加剧了磷的降低，此外由于同离子效应，改良剂($CaSO_4$)的施用带入了较大量钙离子，可能导致钙磷结合形成了难溶磷盐。在黄淮海平原特别是广大盐碱土壤分布区应当重视加大磷肥的施用。

综上，高肥力结合有机肥有利于盐碱土壤中有机质的积累，提高土壤全氮、碱解氮与速效钾含量，而高肥力结合改良剂有利于土壤中碱解氮与速效钾含量的提高。土壤中有效磷含量均有所降低，这应当与该地区土壤中磷含量不足直接相关，在该地区应当增施磷肥。

不同施肥条件下土壤有机质与全氮含量变化

施肥处理	不同年份土壤层次有机质及全氮质量分数(g·kg^{-1})								
	2010 年			2011 年			2012 年		
	0～20 cm		＞20～40 cm	0～20 cm		＞20～40 cm	0～20 cm		＞20～40 cm
	有机质	全氮	全氮	有机质	全氮	全氮	有机质	全氮	全氮
高肥力	10.34	0.61	0.34	9.31b	0.63a	0.30b	9.15c	0.65b	0.35ab
高肥力结合改良剂	10.34	0.61	0.34	9.81a	0.64a	0.31b	9.76b	0.65b	0.33bc
高肥力结合有机肥	10.34	0.61	0.34	10.87a	0.66a	0.36a	11.02a	0.68a	0.38a
常规施肥	10.34	0.61	0.34	9.77b	0.61a	0.28b	9.73c	0.59b	0.29c
周围多家平均	10.34	0.61	0.34	9.70b	0.63a	0.30b	9.67c	0.60b	0.32bc

不同施肥模式下土壤耕层碱解氮、有效磷与速效钾质量分数

施肥处理	不同年份耕层(0～20 cm)土壤养分质量分数(mg·kg^{-1})								
	2010 年			2011 年			2012 年		
	碱解氮	有效磷	速效钾	碱解氮	有效磷	速效钾	碱解氮	有效磷	速效钾
高肥力	46.73	9.22	58.67	47.65b	7.22b	58.89b	48.35c	6.86b	59.01c
高肥力结合改良剂	46.73	9.22	58.67	47.85b	6.42d	59.23b	49.52b	6.10c	59.87b
高肥力结合有机肥	46.73	9.22	58.67	48.95a	7.09b	59.89a	52.33a	6.74b	61.23a
常规施肥	46.73	9.22	58.67	45.23c	6.83c	57.69c	45.20d	6.49bc	57.54d
周围多家平均	46.73	9.22	58.67	44.85c	8.46a	56.38d	44.95d	8.04a	57.04d

③ 不同施肥模式对作物产量的影响。

高肥力结合有机肥能显著提高小麦与玉米的产量:试验 2 年后,小麦产量达到 6.68×10^3 kg/hm^2,玉米产量达到 7.85×10^3 kg/hm^2,分别较当地常规肥力提高 27.72%和 12.85%,增产效应显著并且较之其他施肥模式差异性显著。

不同施肥模式下 2011 年与 2012 年小麦及玉米产量

施肥处理	不同年份小麦与玉米产量(kg·hm^{-2})			
	2011 年		2012 年	
	小麦	玉米	小麦	玉米
高肥力	5 347.50bc	6 871.50b	5 754.00c	7 164.00b
高肥力结合改良剂	5 467.50b	7 236.00a	6 354.00b	7 680.50a
高肥力结合有机肥	5 845.50a	7 398.00a	6 684.00a	7 848.00a
常规施肥	4 872.00cd	6 292.50c	5 233.50d	6 954.50bc
周围多家平均	5 034.00c	6 561.00c	5 394.00c	6 828.50c

由此可见黄淮海平原盐碱障碍农作区应当重视有机肥与改良剂的施用,在降低土壤盐分含量、培肥地力的基础上提高作物产量,实现区域土壤资源可持续利用。

5. 滨海盐土农业改良利用模式初探

我国海岸线长,且大部分为淤进性海岸带,陆地每时每刻都在向大海延伸。

江苏省堤外海涂有 700 多万亩,堤内已围待垦海涂 300 多万亩,并且还以每年 2 万余亩的速度向外淤进。迅速将这些海涂土壤资源变为农业利用土壤,对我国东部人口密集区的生产发展会产生较大的影响。

① 重盐渍化土的改良与利用。

重盐渍化土的含盐量一般在 0.4%~0.8%。这些土壤由于含盐量高,土壤有机质含量很低(一般都小于 0.5%),不能为农业利用,而靠雨水自然淋洗脱盐速度较慢。我们在这部分滨海盐土上采取围田蓄淡养鱼,以加速洗盐压碱和有机质积累的过程。三年试验结果:土壤盐分从平均为 0.50% 下降到 0.20% 左右,三年的脱盐率高达 60% 以上,土壤有机质从 0.5% 提高到 0.8%~1.0%,其他各必需元素也有相应的提高。这一改良利用方式的优点:一是加速了土壤的脱盐速度(一般自然淋洗年脱盐率为 8%~10% 左右);二是由于养鱼直接产生了经济效益;三是土壤养分累积显著,三年中使土壤有机质提高 3~5 个千分点,这种养分累积速率是其他土壤管理措施所不及的。围田蓄淡养鱼需要有充足的淡水资源,研究结果表明,采取这种方式的脱盐率与所用灌溉水盐分含量成反比,即灌溉水矿化度越小,土壤脱盐越明显,因此引淡是关键。蓄淡养鱼冬季起捕后应立即灌水,避免露滩后长时期暴晒,因为海涂地区地下水位高,立春后干旱少雨,土壤蒸发严重,稍不注意,就会出现返盐现象,破坏围田蓄淡洗盐效果。

② 中度盐渍化土的改良利用。

中度盐渍化土指的是盐分含量为 0.2%~0.4% 的海涂土壤,对这种土壤没必要进行大规模的围田引淡,因为这毕竟要一定的资金投入。研究者在这类土壤上进行了三年的生物改良试验,其主要内容是蓄淡种植田菁和实行鱼麦轮作。

田菁是一种耐盐性能较好的作物,近年来由于石油、矿冶、纺织、食品等工业的发展,需要大量田菁胶作为增稠剂或凝胶剂,这为沿海地区发展田菁提供了非常有利的条件。研究者在中度盐渍化土壤上大面积栽培了田菁,由于其具有耕种管理要求不严、需要投入的人力和财力远远小于其他作物等优点,因而能在滩涂地区得到较大发展。试验表明,田菁在这一含盐量范围内的产量随含盐量的增加而下降,但差异不大。种植田菁三年后,土壤全氮提升,土壤理化性状也得到改善。

根据田菁较耐涝的生物学特性,以及田菁的生育期正值夏季雨水集中期,我们在种植田菁田地周围筑一条较小的埂子,高 0.5 米左右,以便蓄积夏季雨水,达到经济收益与蓄淡洗盐两个目的。

有的海涂土壤含盐量在 0.25％左右，生长着密集的茅草。在这些土壤上立即种植农作物难度较大，如果采用蓄淡养青（种植田菁），一年便可迅速改变原来的植被，第二年就可较容易地种植其他作物。

适合于中度盐渍化土种植的另一作物是大麦。1958 年研究者引种了耐盐能力较强的大麦，在含盐量平均为 0.30％～0.35％的土壤上获得了亩产 250 千克的好收成。这种土壤可以实行鱼-麦轮作。1989 年研究者在经过两年围田蓄淡养鱼洗盐的重盐渍化土进行鱼-麦轮作试验，初步结果表明这种轮作系统切实可行，不但有一定的经济收益，而且可加速土壤改良。

③ 轻度盐渍化土的改良与利用。

滨海盐土在其自身发育过程中，盐分不断下降，一般来说，在轻度盐渍化土上，农作物的产量受盐分的影响不是很大。田间试验结果表明，大麦在轻度盐渍化土壤上，只要肥料充足，产量能达到非盐渍化土壤的水平。研究结果表明，棉花在轻度至中度盐渍化土上也能获得较理想的收成。在滩涂地区，人少地广，大面积营养钵育苗脱离现实，而大面积直播一定要抓住地膜夜盖这一关键。

传统的轻度盐渍化土种植方式往往是一季大豆和一季麦子（或油菜）。据调查，目前种植大豆的经济效益较差，主要原因是大豆花工较多而价格下跌。一般认为，在轻度盐渍土上，目前以麦-棉花-油菜-田菁二年四熟的轮作方式较好，既经济可行，又能改善土壤的理化性状，适合于滩涂地区人少地多、广种薄收的实际情况。

滩涂重盐渍化土采取小型工程改良为主，部分结合耐盐作物种植的生物改良；中盐渍化土采取生物改良为主，同时加强提高作物耐盐性能的土壤调控措施，如增加土壤有机物质和营养元素含量以及地面覆盖等措施；轻盐渍化土上采取综合的农业管理措施，如地膜覆盖、推广良种、使用除草剂等。紧紧抓住这些关键，盐渍土的农业改良利用工作会收到事半功倍的效果。

6. 不同调控措施对黄淮海平原盐碱障碍农田作物及土壤质量动态的影响

河南省封丘县地处黄淮海平原南北向的中部，平均海拔 67.5 m，地势平坦；属于北暖温带大陆性季风气候区，平均年气温 13.9 ℃，平均年降雨量 615.1 mm且分布很不均匀，主要集中在 7 月至 9 月，平均年蒸发量 1 857.5 mm，平均年日照时数 2 310 h，平均无霜期 214 天。种植制度为一年二熟，即小麦-玉米或小麦-棉花。全县土壤总面积的 98.3％为潮土，其他为风沙土。该地区无论在气候特征还是生产特征上在黄淮海平原均具有代表性。

　　黄淮海平原降水的时空分配不均导致水资源在时空分配上余缺悬殊,致使旱涝频生,土壤盐渍化随之发生发展,农作物产量受盐碱障碍影响低而不稳。经过二十世纪五六十年代农业措施改良、七十年代水利工程对旱涝盐碱的综合治理、八十年代农林牧副全面发展的综合治理,黄淮海平原水肥盐达到新的平衡,盐渍害虽未能根除但基本得到治理。但黄淮海平原土壤水盐均衡仍十分脆弱,受盐渍影响土壤仍有约 3.333×10^6 hm^2,其他土壤都不同程度受潜在次生盐渍化威胁。现在对待黄淮海平原土壤水盐问题的策略重点已从"根治"盐害转变为"调控"水盐,重视水盐分区管理和加强土壤自身调节能力,强化各种农业措施提高土壤肥力以调控土壤水盐。针对黄淮海平原农田各种消除盐碱障碍的调控处理模式,研究各种处理模式下的作物品质、土壤盐分及肥效动态,并探讨各种处理模式的利弊权重。

　　研究发现盐障消除处理模式中,秸秆覆盖处理和施用有机肥处理时盐障区玉米亩产比对照区降低率最小,盐障消除效果较好,耐盐作物其次,种植耐盐作物对玉米单株生物量降低、株高及穗位高的降低影响最小。各种盐障消除处理模式中,有机肥、饼肥和覆盖处理对玉米茎干 Na^+/K^+ 增加影响大,无生物调控措施的常规种植对玉米茎干 Na^+/K^+ 增加影响小;有机肥和耐盐作物种植处理对玉米叶 Na^+/K^+ 增加影响较大。

　　土壤盐分在剖面上的分布特点综合反映了气候、地学和人为等因素作用于盐分运移的结果,在一定时间内当这些因素的组合促使盐分向下运移的强度大于盐分向上运移的强度时,则盐分剖面呈淋洗状态或底聚状态;当向上运移强度大于向下运移强度时,则盐分在剖面中向上积聚,呈表聚状态。因此,研究土壤盐分剖面类型是了解其淋洗与积聚对比状态的有效方法。研究表明饼肥处理和耐盐作物种植处理土壤盐分在剖面呈表聚型状态分布,其中饼肥施用下表层土壤呈强度盐渍化,盐障消除效果最差,耐盐作物种植后三层土体均有一定的轻度盐渍化。其余三种处理下土壤盐分在剖面则呈底聚型状态分布,其中有机肥处理下三层土体土壤盐分淋洗充分均为非盐化土壤,秸秆覆盖处理其次。

　　盐碱障碍对黄淮海平原中低产田夏玉米各项品质的胁迫较明显:亩产量、单株生物量、株高、穗位高受盐障影响均有降低,玉米茎干和叶片的 Na^+/K^+ 增大,盐分离子 Na^+ 含量增加。

　　四种盐障消除调控处理模式较常规品种玉米种植模式均能不同程度地提高亩产,其中有机肥处理对提高亩产、消除土壤盐障、增加表土肥力效果最好,但作物体内 Na$^+$ 含量增加,Na$^+$/K$^+$ 增大;秸秆覆盖处理对提高亩产、消除土壤盐障效果其次,但作物体内 Na$^+$ 含量较高 K$^+$ 含量较低,Na$^+$/K$^+$ 增大;饼肥处理对提高亩产、消除土壤盐障效果最差,但利于作物体内排盐,降低 Na$^+$ 含量提高 K$^+$ 含量,降低 Na$^+$/K$^+$ 值,能显著增加表土肥效;耐盐作物种植处理对提高亩产、增加作物体内排盐效果较好,但无法消除土壤盐障,作物吸收养分离子少,Na$^+$/K$^+$ 增加,土壤保肥效果一般。要采取均衡施肥、交叉配合利用各处理措施,充分利用各处理的利处,均衡弊处,以达到消除盐碱障碍对土壤和作物的影响并提高地力的目标。

7. 河套地区盐碱地改良技术模式及案例分析

① 背景介绍。

土壤盐碱化是一个世界性的生态、环境与资源问题。全世界约有盐碱地 10 亿公顷(约 150 亿亩),而我国就占到 5.2 亿亩(根据农业部组织的第二次全国土壤普查资料统计,不包括滨海滩涂),其中盐土 2.4 亿亩,碱土 1 300 万亩,各类盐化、碱化土壤为 2.7 亿亩。在 5.2 亿亩盐碱土中已开垦种植的有 1 亿亩左右。据估计,我国尚有 2.6 亿亩左右潜在盐碱化土壤,若开发利用、灌溉耕作等措施不当,这类土壤极易发生次生盐渍化。

河套地区主要包含内蒙古巴彦淖尔、鄂尔多斯、包头三市以及宁夏、陕西北部的部分区域。该地区向来有引黄灌溉、大水压盐的耕作传统,因此极易造成土壤次生盐渍化。从区域经济发展的实际来看,要使这些地区人口、资源与环境协调发展,必须科学开发利用盐碱地资源,创造良好的农业生态环境,恢复生态系统的良性循环,从而缓解生态与环境压力,实现人与自然的和谐发展。

② 改良模式。

土壤调理剂: 土壤调理剂本着"取于自然用于自然"的理念,通过高温、高压、加入活化剂等方法以解体天然矿物的硅氧四面体支撑结构,形成的矿物质晶体内部孔道尺寸大小一致,具有分子筛作用,从而有效提高天然矿物的通透性、纯度、吸附和交换性能。新生成的矿物颗粒为纳米—微米级的微粒,是一类带有负电荷、具有高表面能活性的细微颗粒,可有效吸附土壤中的盐基离子,并且具备一定养分载体作用(李学垣,2001)。把原始材料膨化为微孔发育的疏松状态,类似土壤团粒结构,可增加土壤孔隙度和比表面,有效改善土壤质地。

物理吸附通过范德华力将 Na$^+$、Cl$^-$ 等盐基离子吸附在矿物质的内外表面。化学吸附主要表现在两个方面:一是通过不同价态的离子与晶体中的 Mg^{2+}、

Al^{3+}、Fe^{3+} 发生交换,形成表面电荷非平衡分布和不均匀力场,利用矿物表面原子的剩余成键能力进行吸附;二是 Si—O—Si 中氧硅键的断裂可以与被吸附的物质形成共价键,产生较强的吸附能力。

天然活化矿物的吸附、交换作用,可改善土壤机械组成和缓冲性能,加速有害盐碱离子和重金属离子的吸附和交换,减少植物对盐分离子、重金属离子等有害离子的吸收,为作物营造良好的根际生长环境。

抗盐碱微生物菌剂:微生物菌剂由多种有益微生物复配组成,可在土壤中形成稳定的微生物群落,通过共生繁殖关系组成复杂而又相对稳定的微生物系统。所含有的自主研发的高度耐盐微生物,在高盐环境中,可产生大量的内溶质或保留从外部取得的溶质来调节细胞内外的渗透压平衡,帮助细胞从高盐环境中获取水分,从而在盐度较高的盐碱地土壤中生长繁殖。

微生物菌剂中的有益微生物菌群经固氮、光合、解磷、解钾等一系列的分解、合成作用,可将土壤中的物质转化成各种营养元素,提高土壤肥力,促进植物生长。有益微生物可分泌多种抗生素等抗菌物质,抑制病原菌的生长繁殖,诱导植物系统抗病性,减少病害的发生,提高植物抗逆性。

微生物菌剂施用后,有益微生物菌群在土壤中生长繁殖,使微生物总量增加,通过生命活动,改善土壤的微生态结构,提高土壤的生物活性和缓冲能力,减少土壤污染,改良土壤品质。

抗盐作物:抗盐作物,一般指能在含盐量较高的土壤上生长,对土壤中较高的盐分含量有一定耐受能力的作物,如高粱、水稻、甜菜、向日葵等。根据植物对盐度的生理适应,可以将盐生植物分为三个生理类型:稀盐盐生植物、泌盐盐生植物和拒盐盐生植物。

我国目前约有 1 亿公顷的盐碱地,与一般的绿地不同,盐碱地区植物的栽培和生长受到土壤环境影响较大。通过在盐碱地区引种有经济价值的盐生植物可以起到减少水分蒸发,抑制盐分上升,防止土壤返盐的作用(王玉珍等,2006)。盐生植物栽培需要注意几个原则:(1)适应环境。在重度盐碱土壤中种植专性盐生植物,在中度盐碱土壤中种植泌盐植物可以将盐分通过植物茎叶泌盐腺排出体外,轻度盐碱土壤中可种植豌豆、蚕豆、金花菜、紫云英等。(2)适时移栽。在盐碱地区可考虑秋季栽植的方法,秋季栽植时盐碱地土壤脱盐之后其含盐量要比春季低很多,而且水分条件也比春季时期好,植物成活率较高。(3)合理灌溉。盐碱地的灌溉制度的制定首先需要安排的就是冲洗淋盐,将土壤中的盐分淋洗出去或压到土壤底层，以满足作物生长的需要。（4）配合施肥。无机肥料配合有机肥料既可以补充多种营养，又可以降低土壤溶液浓度，减轻由于施用化肥而引起的盐碱危害。

水利工程改良："盐随水去，盐随水来"是盐水的运动规律，作物受渍、土壤返盐都与地下水的活动有关，耕层盐分的增减与高矿化度的地下水密不可分。因此水利工程措施是防治盐碱土首要的必不可少的先决措施。目前改良盐碱土经常用到的水利工程措施有：（1）排水措施，通过开沟等途径不仅可以将灌溉淋洗的水盐排走，而且可以降低含盐地下水的水位，防止或消除盐分在土壤表层的重新累积；（2）竖井排灌，抽取地下水用于灌溉，降低地下水位，从而使土壤逐渐脱盐；（3）喷灌洗盐，通过模拟人工降雨的方式，将土壤中 Na^+、Cl^- 等有害的离子淋洗掉；（4）放淤压盐，不仅可利用黄河水淋洗掉部分土壤表层盐分，还能够加入不含盐分的泥沙，相对降低土壤的含盐量。

目前在河套地区改良盐碱土最常用的水利工程措施为水平排水措施，主要分为明沟排水和地下暗管排水。明沟排盐是通过在大田中每隔一定距离挖取一定深度的沟渠来起到排出土体盐分，改良盐碱地的目的。明沟排水速度快，排水效果好，但工程量大、占地面积大、沟坡易坍塌且不利于交通和机械化耕作。暗管排水通过滤水管渗流来排除地下水，能迅速降低地下水位，大量排除矿质化潜水，加速地下水淡化，促使土壤脱盐，且排水性能稳定，适应性强，是适宜推广的有效技术措施。

暗管排盐技术：暗管排盐技术是国际上盐碱地改造的先进技术，在荷兰、以色列等农业发达国家，农田几乎全部都采用暗管排水。具有单次投入、短期排盐脱碱、无人看护等优点。

暗管排盐技术的核心思路主要有两点：一是利用灌溉水或自然降水对含盐土层进行冲洗脱盐，遵循"盐随水来，盐随水去"的原理，通过暗管将这些洗盐水排出；二是把地下水位控制在某一适宜的深度，防止土壤向上返盐，从根本上解决土壤次生盐渍化的问题，为植物生长提供良好的土壤条件。

暗管排盐系统采用"吸水管＋观察井＋集水管＋集水井"设计，吸水管管材使用 PE 单臂波纹管，管径一般为 DN80 mm～DN110 mm。管壁上进水孔应处于波谷底部，宽度不大于 2.0 mm，同一圆周上进水孔个数不少于三个，每米管长进水孔面积应不少于 31 cm^2，吸水管铺设采用沸石球（1～3 mm 颗粒）或中粗砂作为滤料，可吸附一部分盐碱离子，防止泥沙堵塞管孔，又不影响透水排盐效果。集水管一般采用 DN160 mm～DN200 mm PE 管材,吸水管与集水管之间用观察井连接,用于观察吸水管和集水管的运行情况以及后期的疏通维护。集水井设置光伏泵站,可间歇性排放收集到的洗盐水。整个施工过程使用 GPS 定位系统及激光精平系统控制埋管深度及坡降比,实现从开沟到埋管再到集料铺设,隔离并排出土壤中可溶性盐。

改良技术路线:

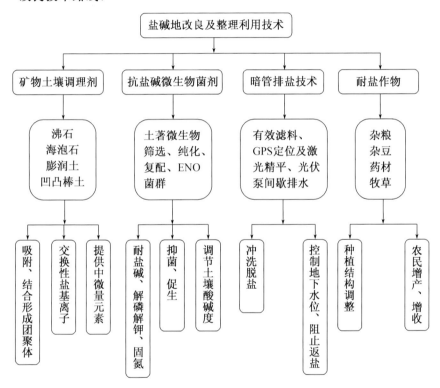

③ 河套地区盐碱地改良实例。

河套地区盐碱地治理案例 1

项目地:巴彦淖尔市农科院院内

项目区面积:400 亩

项目实施时间:2017 年 4 月

改良方式:暗管排盐

项目地位于巴彦淖尔市临河区民主六社,占地约 400 亩,一直作为市农科院的试验地使用,排灌设施配套较为完善。该项目设计毛管采用 DN80 mm PE 波纹管,坡降为 0.7‰,铺设间距为 25 米。主管采用 DN160 mm PVC 管,主管与毛管连接处设置一座检查井,用于观测水位及后期清淤。主管尽头设置泵站将盐水按需外排。项目区具备用电条件,因此无须建立光伏。暗管铺设前后土壤性质及作物出苗情况见下表。

暗管排盐对土壤性质及作物生长影响

处理	pH	全盐(g/kg)	出苗率	亩产量(斤)
BN	8.26	2.9	82%	320
CK	8.58	4.5	60%	210
原始值	8.67	4.8	62%	190

由上表可以看出,经过暗管排盐改良后,土壤 pH 及全盐含量均呈现出不同程度的下降,其中土壤 pH 下降 0.41,全盐量下降 39.6%,土壤理化性质变化十分显著。改良当年出苗率可提高 20 个百分点以上,亩增产 100 多斤,增收效果明显。

对暗管排盐系统排出的盐水进行分析发现,排出的地下水全盐含量先增后减,最后趋于平衡。春浇排盐,排出水样的全盐含量介于 2.05~4.23 g/L,秋浇排盐,排出水样全盐含量介于 2.1~3.3 g/L(灌溉黄河水全盐含量 0.35 g/L)。一年两次浇灌排水,加上作物生育期降雨后阶段性排水,全年排盐量约为 19.2~32.2 吨。

现场开工仪式

国家发改委领导考察项目区

改良前后航拍对比图

河套地区盐碱地综合治理示范案例 2

项目地:五原县葵博园区

项目区面积:400 亩

项目实施时间:2018 年 10 月

改良方式:暗管排盐＋土壤调理剂＋耐盐作物

项目区位于五原县葵博园区,一直是五原县农牧业技术推广中心的耕作用地,但土壤盐渍化较重,因此作物长势较差。项目区紧挨国道,因此地方政府欲将其打造成主题公园,作为五原县对外的窗口和亮点。项目区土地平整度较好,且排灌条件齐全,结合前期针对性的土壤调查分析及项目区后期的建设意图,决定对该区采用暗管排盐＋土壤调理剂＋种植耐盐作物的治理方式。具体方案如下:

(1) 根据项目区面积及立地条件,设计吸水管铺设间距为 30 米,起始端埋深1.6 米,坡降 0.7‰。项目区分东西两个片区,共设置吸水管 19 根。

(2) 吸水管按东西方向铺设,管材使用 PE 单臂波纹管,管径为 DN110 mm。管壁上进水孔应处于波谷底部,宽度不大于 2.0 mm。同一圆周上进水孔个数不少于三个,每米管长进水孔面积应不少于 31 cm^2。

(3) 吸水管铺设采用砂滤料,可防止泥沙堵塞管孔,又不影响透水排盐效果。

(4) 集水管采用 DN200 mm PE 管材,吸水管与集水管之间用一座观察井连接,用于观察吸水管和集水管的运行情况以及后期的疏通维护。

　　（5）项目区东片西南角设计一个集水池并配套泵房，由吸水管流到集水管中的水流最终汇集到集水池中，按需强排。

　　（6）暗管施工完毕后，按亩用量 200 千克施入天然矿物调理剂，然后对土地进行旋耕，使调理剂与土壤充分混合。后按当地耕作习惯进行秋浇洗盐。

　　（7）第二年春天进行耐盐作物种植，主题公园对于作物的观赏性有一定要求，因此选择种植观赏性葵花。

主管铺设

毛管铺设

检查井铺设

泵房搭建

改良后向日葵长势

对土壤进行理化性质分析,结果见表。

改良前后土壤性质变化

样地　　指标	pH	含盐量 (g/kg)	有机质 (g/kg)	阳离子交换量 (cmol/kg)	出苗率
试验地	8.46	4.40	10.1	6.4	70%
CK	8.80	7.70	9.8	5.9	42%

由上表可以看出,经过暗管排盐＋土壤调理剂改良后,土壤 pH 及全盐含量均呈现出不同程度的下降,其中土壤 pH 下降 0.34 个单位,全盐量由 7.7 g/kg 下降至 4.4 g/kg,阳离子交换量提升 0.5 cmol/kg。土壤有机质提升不明显,后期可以适量补充有机肥。改良第二年出苗率可提高 28 个百分点,改良效果显著。

河套地区盐碱地综合治理示范案例 3

项目地:临河区乌兰图克镇新胜村

项目区面积:10 亩

项目实施时间:2016 年 4 月—2018 年 9 月

改良方式:土壤调理剂＋微生物菌剂

项目区位于临河区乌兰图克镇新胜村,之前一直作为村民自种地,出苗情况不理想。本农科技于 2016 年在项目区进行盐碱地连续改良示范试验,即第一年按亩用量 200 千克土壤调理剂＋10 L 微生物菌剂施入,第二年不施入,监测改良效果的持续性。结果表明,改良后第一年(2016 年)土壤 pH、全盐含量均显著降低,向日葵亩产达到 160 斤(改良前几乎不出苗,产量基本为零);第二年(2017年)土壤 pH、全盐含量持续降低,向日葵亩产量可达 280 斤。详见表。

本农土壤调理剂改良效果持续性监测结果

处理	pH	全盐 (g/kg)	有机质 (g/kg)	阳离子交换量 (cmol/kg)	亩产量 (斤)
原始值	8.94	7.9	10.1	6.3	—
BN 2016	8.44	5.7	10.9	6.8	160
BN 2017	8.39	4.8	10.7	7.2	280
CK 2016	8.76	7.1	9.8	5.9	30
CK 2017	8.87	6.9	9.7	6.2	40

可以看出本农土壤调理剂＋微生物菌剂可以显著降低土壤 pH、全盐含量,提升有机质含量及阳离子交换量,起到很好的改良效果。更重要的是,这种效果具有很好的持续性,向日葵亩产量连续两年持续提高,真正达到"一年改良,多年受益"的效果。

土壤调理剂施入

微生物菌剂施入

改良前地貌

第一年长势　　　　　　　　　　　第二年长势

河套地区盐碱地综合治理示范案例 4

项目地:杭锦后旗头道桥连增村

项目区面积:500 亩

项目实施时间:2017 年 10 月

改良方式:暗管排盐＋土壤调理剂＋微生物菌剂

本项目为杭锦后旗政府"四级联创"全域绿色发展项目区的一部分。该项目以生态治理、耕地保护为首要目标,以工程措施、农艺措施相结合,高效实现了精准控盐增效土壤治理,同时引入物联网监控系统,将农业物联网与农业生产技术深度融合,通过运用各种传感器,广泛地采集果、蔬、畜、禽、水产、土壤、环境等农业相关信息,通过建立数据传输的方法,实现农业信息的多个尺度(个域、视域、区域、地域)传输,将获取的海量信息进行融合处理、通过智能化操作终端实现产前、产中、产后的过程监控、科学管理和即时服务。

(1)土壤治理:采用优化暗管排盐工程措施＋土壤调理剂＋微生物菌剂的三位一体治理方式,针对项目区不同地块的盐渍化程度,合理调配三种治理措施,实现对土壤盐渍化的精准治理。

(2)智慧水肥一体化:在传统水肥一体化的基础上引入农业物联网、自动控制等技术,针对不同农作物品种的需水、需肥规律以及土壤环境和养分含量状况,通过监控计算机内嵌的节水灌溉模型和水肥配比模型,自动控制灌溉设备,达到精确控制灌水量、施肥量和水肥施用的目的,从而实现高效节水灌溉施肥。

(3)智慧温室:实时采集温室内温湿度、光照、二氧化碳等数据信息,根据设定值自动开启或关闭温室各项设备,调节控制室内环境,从而应对外界气候变化,保证作物生长的最佳环境。

（4）农产品溯源:从农产品种植准备阶段、种植和培育阶段、生长阶段、收获阶段对作物生长环境、农药及化肥的施用情况、病虫害状况等进行实时信息自动记录,有据可查,在储藏、运输、销售阶段采用二维码对各个阶段数据进行记录,实行农产品生产源头到流通环节的全程可追溯。

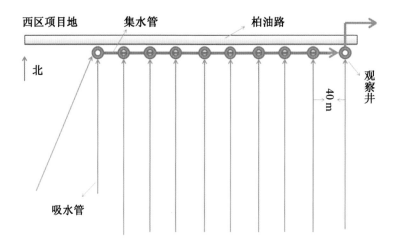

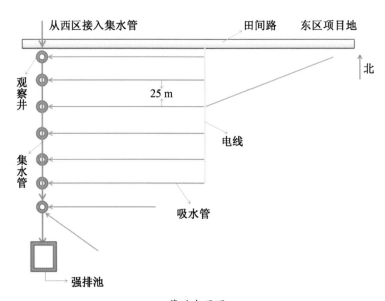

管道布置图

本项目将土壤盐渍化精准治理与农业物联网系统结合，实现农业的高产、高效、优质、生态和安全，为全区乃至全国智慧农业的发展提供解决方案。该项目入选"内蒙古自治区智慧农业示范项目"及"国家农业可持续发展试验示范区"重要支撑项目，被自治区各级领导评为"开启了智慧农业全程信息化时代"。

土壤改良作为整个"四级联创"全域绿色发展项目的基础工作，其重要性不言而喻。本农科技经过严格的现场踏勘及精准的取样分析，对项目区的土壤改良工作制定如下方案：

根据项目区面积及立地条件，西侧田块整齐，每块田宽 40 米，故田间吸水管间距 40 米，东侧田块不规则，设计吸水管间距 25 米。起始端埋深 1.7 米，坡降 0.8‰。吸水管使用 PE 单臂波纹管，外包砂滤料，管径为 DN110 mm。集水管采用 DN200 mm PE 管材，与吸水管连接处设计一座检查井，用于观察吸水管和

人工接管

检查井铺设

光伏泵站

作物长势

集水管的运行情况以及后期的疏通维护。项目区南侧设置光伏泵站,将盐水按需强排。管道铺设完毕后按亩用量 200 kg 施入土壤调理剂,按亩用量 15 L 施入微生物菌剂,然后对地块进行旋耕,使产品与土壤混合均匀。后按当地耕作习惯进行秋浇洗盐,第二年春天进行耕作。

全国农技推广中心、市委市政府相关领导参加杭锦后旗整县全域种植业绿色生产高层论坛

全国农技推广中心、市委市政府相关领导考察四级联创示范基地

第 5 章
盐土及滩涂资源开发及利用模式与范例

5.1 盐土农业植物资源的综合开发利用技术方案

5.1.1 盐土的发展意义

目前美国、墨西哥、沙特阿拉伯等国家投入巨资研究开发盐生植物,并进行大规模种植试验,取得成效。我国沿海滩涂总面积 4 124 万亩,其中江苏沿海滩涂总面积占全国 1/4,我国西部地区有干涸盐湖总面积 5 万平方千米(约 7 500万亩)。

江苏盐城盐碱滩涂状况

政府鼓励和支持发展盐土农业以改善生态环境。发展盐土农业,进行盐土农业植物资源研究开发、综合利用与产业化,具有明显的经济、社会和生态效益。2009年,江苏沿海发展战略上升为国家战略,国家发改委将东部沿海和西部干涸盐湖和荒漠生态治理列为十二五发展规划。在2010年江苏盐城市召开的盐土农业高层论坛上,农业部原副部长洪绂曾、中国科学院南京土壤研究所赵其国院士、中国农科院方智远院士等专家认为:盐土农业植物资源综合开发利用开创了一条农业发展的新思路,对增加耕地数量、提升土地质量、保障国家粮食安全、改善西部地区生态环境具有重要意义,目前已初见成效。

5.1.2　沿海滩涂农业开发利用的工作内容

工作内容包括沿海滩涂资源调查与分析,滩涂资源利用方案制定与产业和区域布局,已有沿海滩涂种质资源筛选与农业利用技术优化,沿海滩涂新型优良种质资源培育与优质、高效、可持续利用新技术的研发,技术的引进、集成与本地化,适用技术的示范推广与产业化培育,滩涂资源开发龙头企业的扶植和特色滩涂农业基地

盐城市盐土农业高层论坛(右二赵其国院士)

建设,产业化规模和滩涂农业产品层次的提升,优惠政策的制定与资金筹措。

5.1.3　沿海滩涂农业资源调查评估与利用规划

开展沿海滩涂农业资源高效清查与评估,进行滩涂农业资源,包括土地资源、水资源、生物资源质与量的清查评估。运用遥感信息、磁感式田块尺度土地快速调查、典型样点采样和生物种质资源采集等技术手段,系统获取沿海滩涂农业资源数量与质量信息,建立滩涂农业资源基础数据库,在此基础上创立滩涂农业开发与利用的资源管理平台,进行科学有序的滩涂农业资源利用管理。

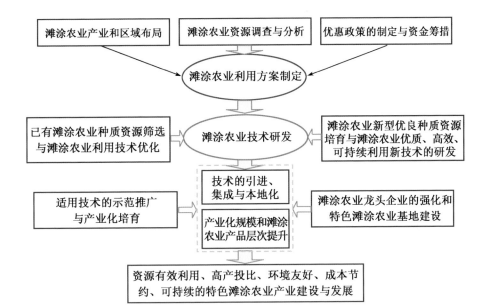

滩涂资源农业开发利用中的技术思路

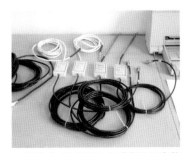

土壤盐分-温度复合传感变达器实物

盐分、水分田间监测器件

田间土壤含水量测定

土壤盐分、温度田间测定

滩涂土壤水盐动态监测技术

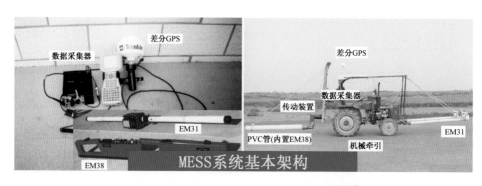

MESS系统基本架构

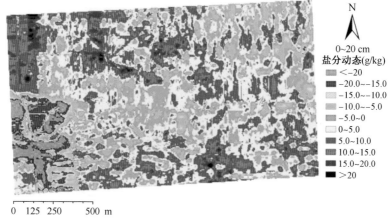

开展沿海滩涂农业资源合理开发和优化利用的规划，优化滩涂农业的产业布局和区域布局，科学实施滩涂农业开发。构建资源高效利用、成本节约、生态适宜和可持续发展型滩涂农业资源利用规划技术体系，确立滩涂种植业、林业、畜牧业和水产养殖业布局计划与适宜的滩涂农业分区发展规模，实现滩涂农业资源的安全、高效和可持续开发利用。

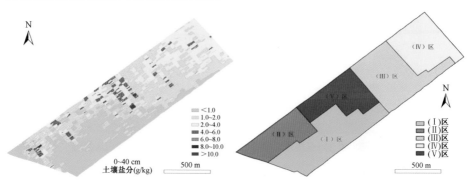

1. 新型良种选育与快速扩繁

建立滩涂农业种质资源库,保护多样性盐生生物资源。调查沿海滩涂农业适用生物资源,掌握资源的种类、数量、分布与面积方面资料与信息,建立盐生植物种质资源库,保护多样性的盐生生物资源,促进现有品种的改良与更新。筛选驯化本地种质资源,提高现有品种的抗盐性。

对现有本地种质资源进行筛选培育,筛选出具有不同抗盐性的经济植物品种,进行定向培育和本地驯化,进一步提高其对盐碱地适应性,加快本土植物种质的驯化进程,促进品种更新换代。

研发生物工程选育技术,培育优良新型种质,提高抗性、产量和品质。运用体细胞无性系变异、辐射诱变育种与系统选育等手段筛选抗盐与农艺性状兼优的植物品系,转入耐盐基因,培育高耐盐、高生物量、经济效益显著的滩涂耐盐能源植物、药用植物、海水蔬菜、饲用植物新品种。运用双倍体或多倍体育种技术对成熟品种进行远缘杂交,形成 F1 代良种优势。

研发优良种质快速扩繁技术体系,提高种苗繁育效率,满足规模化种植的良种需求。构建基于无性繁殖、设施栽培、组织培养等在内的植物良种快速扩繁技术体系,减少复杂的炼苗步骤,缩短种苗繁育期,提升滩涂农业良种繁育效率。建设良种繁育基地,满足耐盐植物规模化、产业化与品牌化种植需求。

海蓬子　　　　　　　　　碱蓬　　　　　　　　　彩色胡萝卜

耐盐蔬菜瓜果

菊芋　　　　　　　　　耐盐甘薯　　　　　　　　　油葵

耐盐能源植物

籽粒苋　　　　　　　　　野生大豆　　　　　　　　　鲁梅克斯

耐盐饲草

芦荟　　　　　　　　　中华补血草　　　　　　　　薄荷

耐盐药用植物

2. 沿海滩涂农业安全生产的土壤生态修复

建立土壤质量监测与安全评估技术,推进绿色滩涂农产品产地认证。建立滩涂农产品生产地的土壤环境监测与安全评估技术体系,掌握滩涂农业地区土壤环境质量的现状,评估不同区域的土壤肥力质量、土壤环境质量、土壤健康质量水平,根据不同种植品种和土壤背景质量状况,以绿色农产品产地环境要求为标准,进行滩涂农产品种植结构和种植方式的合理布局与技术干预,保障滩涂农产品生产环境的安全性,建立绿色滩涂农产品产地认证。

构建滩涂土壤修复技术体系,在此基础上建立滩涂产品安全生产的技术规程与技术标准。采用有机-无机复合制剂抑制土壤重金属的活性,降低重金属的生物富集量,形成基于重金属生物活性抑制的沿海滩涂土壤化学修复。通过繁育种植或接种培养重金属超积累植物或菌株,进行滩涂农业种植区土壤重金属的生物修复。研发肥料施用方式和用量精准调控技术,降低滩涂农产品亚硝酸盐和硝酸盐含量。在进行滩涂农业安全生产土壤生态修复技术集成基础上,制定滩涂农产品安全生产和土壤修复的技术规程和技术标准,实现规模化种植过程中滩涂农产品和土壤生产环境的质量安全保障。

3. 高品质滩涂农业植物高产栽培

进行特色滩涂农业种植品种的高产优质栽培,提升滩涂农产品的营养品质。进行水、肥、盐耦合调控,精量平衡施肥与耕作农艺调控,实现特色滩涂农产品的高品质与高产栽培,提高滩涂农产品的氨基酸、胡萝卜素、维生素含量,平衡有益微量元素营养成分,并增加农产品的产量。进行滩涂植物营养成分提升的配方施肥和有机微肥施用,开发滩涂农产品的普通食品与功能性食品的功能,提高产品附加值。进行滩涂农业特色品种的水、肥、盐复合调控,降低农产品盐度,调节有益健康的盐分离子浓度比例,改善产品口感,提升产品综合品质,实现高产种植。

制定优质滩涂农产品规模化生产的技术规程和技术标准,扩大沿海滩涂种植产业化优势。根据不同区域的农业条件特点与滩涂农业种植品种特点,将水肥盐耦合调控、精量平衡施肥与耕作农艺调控、配方施肥和有机微肥施用等技术进行集成与优化,形成针对不同区域和不同品种的滩涂农业初级产品高产优质栽培配套技术与标准化生产技术体系,制定相应的技术规程和技术标准,推进滩涂农产品种植的 GAP 和 HACCP 认证,实现优质高产滩涂农产品规模化和产业化生产,提升滩涂种植产业优势。

4. 滩涂农业土壤质量保持与定向培育

进行滩涂土壤质量保持的水盐调控,保障滩涂农业土地资源的可持续利用。运用工程与灌排管理、耕作与农艺管理、生物与土壤管理等措施,调控土壤的水盐运动,控制和调节滩涂农业利用过程中土壤盐分的积累,抑制过量土壤盐分对滩涂农业生产的影响和危害,实现土体盐分的总量平衡,避免土壤肥力质量和环境质量下降。将合理灌溉和精量灌溉相组合,控制植物根层土壤的盐分聚集。研发专用土壤改良与调理制剂,促进土壤盐分淋洗。建立基于灌溉控制、肥力管理、调理剂应用、耕作管理与生物覆盖技术的滩涂农业土壤控盐技术体系,保障滩涂农业土地资源的永续利用。

开展滩涂农业区土壤质量定向培育,增加后备耕地资源储备。开展滩涂农业利用区土壤质量评价,评价滩涂农业利用土壤的质量等级及其不同利用方式下的质量演替,确定滩涂农业利用土壤的耕地培育方向。通过滩涂农业利用中的合理肥料运筹、灌溉调控、建立有机碳库、生物调控、土壤调理剂利用、种植和耕作制度调整等手段,进行滩涂农业利用区土壤质量的定向培育,促进滩涂农业利用区土壤肥力提升和质量改善。通过种养结合实现土地合理置换,提升滩涂农业用地质量,实现后备耕地资源储备量的增加。

5.1.4　江苏沿海滩涂资源开发利用的建议

1. 组织协调实施方面的建议

统一领导,协调联动:为切实保障江苏沿海滩涂开发利用的顺利实施,建议成立领导小组进行统筹协调与规划实施相关的重要活动,督促检查实施过程,适时提出具体建议和措施,做好日常的组织和协调工作。

统一规划,分步实施:尽快制定实施方案,按照近期具体、中期原则、长期宏观的要求进行总体布局,在年度计划中对制度建设任务和完成时限做出明确规定;同时,抓好任务分解工作,每一目标任务都要落实到职能部门和相关企事业单位。

强化责任,严格考核:实行工作目标责任制。各责任部门要按照责任分工抓好落实。要把其作为评价领导班子、领导干部工作实绩的重要内容,纳入领导班子和领导干部的年度考核目标。

2. 政策、资金方面的建议

土地政策:在不违反国家土地宏观政策的前提下,最大限度地出台沿海滩涂承包经营的优惠政策。

财政政策:一些支农、扶农资金、物资应向滩涂农业倾斜,特别是对基础设施建设、技术研发、新品种引进、基地建设、出口创汇等环节进行重点支持。

税收政策:制定一些税收减缓免政策,如免征关税和进口环节增值税,落实免征或先征后返的政策。

金融政策:适当放宽担保抵押条件,合理确定贷款期限,优先优惠支持滩涂开发利用的健康稳定发展,重点加强培植从事沿海滩涂农业的龙头企业。

劳动人事政策:鼓励高学历、高科技人才投身沿海滩涂开发利用,对于长期工作在滩涂开发一线的各级人员应优先扶持重用。

5.2　盐土及滩涂开发与利用范例

5.2.1　高产滩涂农业植物主要产品

1. 盐生植物资源开发

盐生植物品种:成功研究具有自主知识产权的品种——"绿苑海蓬子1号"

"绿海碱蓬 1 号",并通过江苏省农作物品种审定委员会第 46 次会议审定命名。其生态适应性强,丰产性优,经济和生态效益高。绿苑海蓬子 1 号、绿海碱蓬 1 号、耐盐甘薯、菊苣、米草稻、巨型蚕豆等项目投产后,年产种子 150 吨,销售收入 1 496 万元。

绿苑海蓬子 1 号

绿海碱蓬 1 号

紫色作物产品系列:已育成和栽培紫色甘薯、紫胡萝卜、紫玉米、紫山药,彩色马铃薯等。投产后,年产深加工产品 680 吨,销售收入 8 160 万元。

有机海水蔬菜系列:主要有海蓬子、碱蓬、拟漆姑、三角叶滨藜、耐盐海水芹、耐盐甜菜、菊苣、紫甘蓝、黄秋葵、巨型蚕豆、砍瓜等。投产后年产海水蔬菜 5 440 吨,销售收入 1 632 万元。

此外，依托"国家优质盐土植物资源繁育基地"平台，在生产耐盐植物种子的基础上生产苗木资源。

海蓬子共轭亚油酸胶囊　　　　　　　　海蓬子生物黄酮

5.2.2　关键技术、创新点与重大突破

"绿苑海蓬子 1 号"由江苏省农作物品种审定委员会于 2009 年第四十六次农作物品种审定会议通过审定命名,该品种适应性强,具有成熟早、成熟期一致、产量高等特点。并且其突破了在北纬 32°以北不能种植的禁区,并在我国西北部盐碱荒漠地区治沙、治碱保护环境上做出了重要贡献。"绿海碱蓬 1 号"由江苏省农作物品种审定委员会于 2009 年第四十六次农作物品种审定委员会通过审定。

"沿海耐盐植物资源综合利用技术集成"通过了成果鉴定,拥有多项创新,达到国内领先水平,推动了沿海盐土农业产业的发展。

海水蔬菜海蓬子(碱蓬)生产技术规程、海水蔬菜海蓬子(碱蓬)企业标准等一系列田间生产操作规程和深加工产品企业标准,在科学规划的基础上为产业化的发展提供了保障。

海蓬子改良盐碱地效果图及成果鉴定书

1. 关键技术研发

新型良种选育与快速扩繁技术:建立盐土农业种质资源库,保护资源多样性;筛选驯化本地盐土农业种质资源,提高现有品种的抗盐性;研发生物工程选育技术,培育高抗、高产和高品质新型种质;研发良种快速扩繁技术,满足规模化种植良种需求。

改良后农业生产状况图

　　盐土植物资源种植的产地环境质量监测与生态修复技术体系：研发盐土植物资源种植产地的环境监测与评估技术、土壤环境质量安全调控技术、亚硝酸盐和硝酸盐含量控制的安全培育技术，为盐土植物规模化种植的清洁无公害提供技术保障。

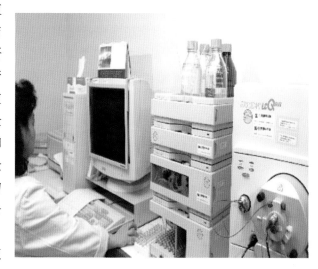

海蓬子改良盐碱地效果土壤质量检测

　　盐土植物资源种植的优化品质调控技术：建立旨在提高盐土植物主要活性成分以及氨基酸总和的维生素 B_1、B_2、C、E 等复合营养成分的优化配方施肥技术和旨在提高口感(控制 Na^+/K^+ 比)的优化灌溉技术，集成并构建水肥盐相结合的优化品质调控技术。

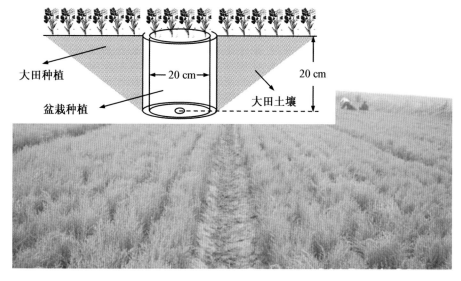

海蓬子改良盐碱地技术原理

盐土植物资源种植的高产栽培技术：研发旨在促进碱蓬、海蓬子等盐土植物资源高产的灌溉调控指标、灌溉制度和耕作制度，建立平衡施肥与优化施肥技术，集成并建立碱蓬、海蓬子等盐土植物资源的高产栽培技术。

规模化种植海蓬子改良盐碱地

规模化高效发酵蔬菜生产体系：研发建立基于发酵分离耦合的规模化、连续化生产的菌种高密度培养体系，并形成可产业化的优良蔬菜发酵剂；参照 HACCP 原理，制定纯种发酵蔬菜的标准化生产工艺规程，缩短发酵周期，提高生产效率，产品达到国际质量标准。

规模化高效发酵蔬菜生产体系

低能耗、高品质、产业化蔬菜粉生产技术：通过对干燥过程热量损耗的分析，依据原料特性，利用热泵技术实现废热的二次利用，进一步降低干燥能耗；完成蒸发量为 250 kg/h 的低温喷雾干燥器样机设计，确定蔬菜浆低温喷粉工艺及操作参数。

海蓬子规模化加工车间

2. 创新点

良种优势："绿苑海蓬子 1 号"的种植改变传统先改良、后利用的盐土利用模式，开创了边利用、边改良、边收益的范例；"绿海碱蓬 1 号"良种兼具经济和生态价值，在我国西部干涸盐湖碱地示范种植 3 万多亩，具有极好的压碱固沙作用，开创我国西部地区盐碱土壤生态治理的新路。

创新技术：依托中国科学院南京土壤研究所研发"产地环境污染修复、盐土植物安全、高品栽培技术"，江苏省农科院研发"种质资源选育与快速扩繁技术"，本公司研发"低能耗、高品质、产业化蔬菜产品生产技术"等成果，推进盐土农业植物资源的安全、优质、高效与规模化综合开发利用。

标准制定：制定与新品种相配套的田间生产操作规程和深加工企业（地方或行业）标准，形成科学规范的配套生产体系，为产业化提供全面技术支撑。

第 6 章
盐碱地＋农牧业治理新模式

盐碱地＋农牧业治理新模式,通过耐盐碱品种的培育和引进,在盐碱地上种植牧草和进行畜牧养殖。牧草在逆境胁迫的环境状态下发生的适应性应激反应,可以增加矿物质、可溶性固形物并提高糖酸比与次生代谢物含量,提高盐生植物营养价值,进而为动物提供更优质的牧草,提升了乳、肉矿物质含量及品质。

例如,在山东省潍坊市滨海经济技术开发区由胜伟集团开创的“盐碱地农牧产业园”,通过科学发展盐碱地复育,并进行畜牧养殖,走出了一条高度契合盐碱地分布区资源特点的生态扶贫之路。通过综合利用盐碱地改良技术,选育耐盐碱品种,植苗造林绿化,修复潍坊滨海滩涂生态,并取得了良好效果。

6.1 潍坊滨海盐碱地简介

潍坊滨海区地处潍坊市北部沿海,介于东经118°53′—119°17′、北纬36°56′—37°17′之间,地势平坦,海拔最高 3.7 m,为第四系全新统的海积地层,整体西南高、东北低,呈海岸地貌。属暖温带季风性半湿润大陆性气候区,年均降水量 581 mm,年均气温 12.2 ℃。土壤类型主要为潮土和盐土,

滨海地区土壤

植被类型为温带落叶阔叶林。

6.1.1 滨海盐碱地特点

滨海地区盐碱地主要分布在近海滩涂和河流三角洲,属氯化物盐渍土,具有以下特点:

① 距海越远,盐分越轻,距海越近,盐分越重。

② 地势低平,地下水位和矿化度高,承泄区受海潮影响,往往地下水出流不畅。

③ 地势低洼,排水承泄区易受海潮或洪水影响,完全排泄自流困难,需要建立防洪、防潮、机械排涝工程,才能免遭洪涝灾害。

④ 土壤瘠薄,有机质和磷的含量低,需要培肥改良才能进行作物生产。

6.1.2 滨海沙土

滨海地区土壤属于典型的海积层底层,为含砾石的中细砂、粉砂及亚黏土层,其中含贝壳碎片,含盐量随着距离海岸的远近而变化,为 $1‰～12‰$ 之间。土壤贫瘠,有机质含量在 0.5% 以下,团粒性结构差,即便下雨后,也是手握成团,落地即散,且雨水浸透后土壤塌陷明显,保墒保肥性差。

滨海沙土

6.1.3 滨海滩涂生态植被修复

潍坊滨海经济开发区胜伟集团通过综合运用"暗管排盐＋苦咸水淡水＋节水灌溉＋土壤调理有机肥＋植物吸盐排盐"等盐碱地改良技术,对土壤盐碱化程度特别高、淡水资源较丰富地区,以暗管排盐压碱为主进行土壤改良,并选择耐盐碱树种,选择适宜的季节和适宜的天气植苗造林绿化;对干旱缺水地区,则选用既耐盐碱又抗旱的树种,发展节水灌溉措施。植物品种采用梯度选择法,优先选择真盐生植物品种如盐地碱蓬、柽柳等当地品种,固沙脱盐到 $3‰$ 以下再种植耐盐碱植物如单叶蔓菁、沙滩黄芩、肾叶打碗花,通过一定时间的土壤改良,盐分降低到一定程度再种植普通乔木,并进行草坪绿化。原本盐池林立、沙土塌陷的土地,治理后绿地氤氲、绿树成荫。

白浪河旁边的景观示范带

6.2　潍坊滨海——盐碱地现代农业产业园

　　潍坊滨海盐碱地现代农业产业(示范)园,占地面积 2 000 亩,以盐碱地生态农业产业化发展为宗旨,围绕区域特色产业发展,旨在打造现代生态农业样板,并构建农林牧复合、草果田契合、一二三产融合的产业体系。示范园以建设盐碱地植物试验区、特色果树标准化种植区、盐碱地特色观赏园艺区、采摘区、生态畜牧示范区等五大功能区为主体规划。

　　通过在改良后的盐碱地上种植牧草、饲料作物,建设农牧产业园,潍坊滨海盐碱地现代农业产业园在不占用现有耕地资源基础上得以大幅度增加可耕地资源。通过引进国外良种肉牛、奶绵羊,解决了国内草饲畜牧业优良种源稀缺的短板,同时养殖与加工过程中产生的粪便、废水等又可以转化为生物有机肥,用于涵养复育盐碱地,并实现产业生态循环。多管齐下,实现了盐碱地上农牧产业园的零污染、零排放,内部产业间的生态循环,一二三产融合。

　　现代农业产业园规模建设:

① 新优耐盐碱植物品种试验种植 80 亩(主要引种包括挪威槭、自由人槭、银白槭、海棠、金叶皂荚、金叶火炬、文冠果、卫矛、大果栎、弗吉尼亚栎、豆梨、丁香等 29 个品种)共计 4 000 余株。

② 耐盐碱牧草种植 1 000 亩(主要品种有三得利紫花苜蓿、中苜 1 号紫花苜蓿、早熟禾、高羊茅、冬牧黑麦草、青贮玉米等)。

③ 耐盐碱植物共计 100 多种(主要有刺果甘草、滨海前胡、单叶蔓荆、沙冬青、小紫珠、阿诺红、枸杞、白蜡、构树、沙枣、杠柳、白刺等)。

④ 规范化果树种植区秋月梨、红梨、玉露香梨三品种混种面积 217 亩,达维、玉坠、薄壳红三品种榛子混种面积 25 亩,罗马杏、珍珠油杏二品种混种面积 48 亩,苹果 8 亩,桃 8 亩。

⑤ 农业基地目前承担省级重点研发计划"重度盐碱地改盐沃土水旱结合种植模式示范"、山东省重大科技创新工程项目"重度盐碱地生态保育、植被覆盖与地力提升关键技术"、省林业厅"抗盐抗逆观赏植物良种选育与栽培示范"等省级科研项目三项,承担"盐碱地草果林契合科技示范应用模式探索研究""环渤海湾盐碱地植物种植技术研究及其在盐碱地治理领域的应用探索"等七大企业自主研发盐碱地相关项目,承担"高产优质苜蓿示范建设项目",面积 1 000 亩。

⑥ 配套淡水井 6 口、喷灌系统 6 套,全覆盖 1 500 亩地。

⑦ 未来示范园计划开展绿色有机农业、应用水肥一体化技术、绿色控害技术、测土配方设肥技术、农业废弃物循环利用技术等一系列示范建设。

6.3　耐盐碱动植物品种引进

滨海盐碱地区由于环境条件苛刻,土地生产力低,当地动植物品种单调。在原有耐盐碱品种选育的基础上,通过耐盐碱品种的引进,丰富生物的多样性,以提高生态稳定性、防护功能和综合效应,具有重要的生态学价值。

6.3.1　单叶蔓荆

单叶蔓荆(*Vitex rotundifolia*)是马鞭草科多年生落叶藤本植物,茎匍匐蔓生地面,落地生根并拥有发达根系,入土深度可达 3 m 以上,是沙地主要植被之一。单叶蔓荆同时拥有自然群落覆盖能力,一旦形成群落,便具有很强的抗风、抗旱、抗盐碱能力,且耐干旱贫瘠,抗海风海雾,观赏价值高,可作为滨海沙地、风口地段固沙造林的先锋植物,改良生态环境。在我国及东南亚等国家的沿海沙滩地,单叶蔓荆均有广泛分布,而在潍北地区未见有自然生长。引进驯化并繁育开发抗盐性强的单叶蔓荆盐生植物或具有重要生态意义。

盐碱地改造示范区的单叶蔓荆

潍北盐碱地区创新性地引种单叶蔓荆:植株适应性良好,生长速度快、繁殖能力强,可以直接进行原土栽植,无须客土、抬田等,在盐度为 1.0% 的土壤中仍有良好的生长能力。引种单叶蔓荆后高盐碱土质明显改善,由于单叶蔓荆根系的生理活动及其枯枝落叶的作用,增加了盐碱地土壤中有机质的含量,从而有效改善土壤的结构和物理性质,增大土壤含水量和通气性。在改善引种地盐碱环境的同时,扩展了野生盐生植物单叶蔓荆的种植范围,既有利于野生资源的保护,也取得良好景观效果。

6.3.2 沙滩黄芩

沙滩黄芩(*Scutellaria strigillosa Hemsl*)是生于海边沙地上的极耐瘠薄的多年生草本野生植物,根茎极长,横行或斜行,在节上生须根及匍枝(王胜等,2015a)。沙滩黄芩对恶劣环境有较强的抗性,其肉质根状茎对地面的覆盖效果极佳,可以有效防止风沙肆扬,还可以控制土壤返盐,有效改良和修复盐碱地。

沙土里生长的沙滩黄芩

此外,沙滩黄芩花果期长,从 5 月份一直到 10 月份,极具观赏性。该植被国内主要分布在辽宁大连,山东青岛、烟台、崂山,河北北戴河、山海关、秦皇岛,江苏北部云台山等地,国外主要分布在俄罗斯、朝鲜和日本,是一种理想的滨海盐碱地地被植物。

潍坊滨海经济开发区科教创新区 2013 年起在求是公园推广试种沙滩黄芩，因其具有花期长、抗风沙、耐瘠薄、耐盐碱等特点，取得了良好绿化景观效果。目前技术处于成熟应用阶段，适用于滨海盐碱地种植。

6.3.3　"碱地奶绵羊"引进

盐碱地农牧产业园在 2019 年 3 月 21 日首次引进"碱地奶绵羊"。该品种是胜伟集团联合国内外畜牧专家，针对盐碱地特殊环境，在澳洲实验基地采用全基因组学技术和现代生物技术成功培育定型出的高度适应盐碱地饲养的优良品种。同时，胜伟潍坊盐碱地农牧产业园通过在盐碱地上种植牧草进行畜牧养殖。"碱地奶绵羊"食用盐碱地区产耐盐碱牧草，牧草含更高矿物质，适口性更好，产出的羊奶矿物质钙、干物质、蛋白质含量均大大高于普通羊奶，羊肉的营养和口感也均明显优于普通品种。该品种奶绵羊同时具有繁殖率高的优势，双羔率和三羔率超过 90%。

碱地奶绵羊

潍坊滨海盐碱地区的成功经验表明"盐碱地＋农牧业"是有效开发利用盐碱地，助力盐碱地分布区贫困人口脱贫致富的有效途径。农牧产业园模式具备良好的可推广复制性，未来通过互联网云计算等技术，有望把东部地区先进的管理、技术等方面的知识经验有效传递给中西部贫困地区，令盐碱地上畜牧养殖技术惠及更多贫困农户。

第7章
碱蓬对盐土改良效果评价及范例

7.1　碱蓬对苏北滩涂盐渍土的改良效果

土壤盐渍化与次生盐渍化是当今世界土壤退化的主要问题之一，全世界盐碱地面积约为 9.55×10^8 hm²，我国盐碱土面积约为 9.913×10^7 hm²，其中现代盐碱土面积约为 3.693×10^7 hm²，主要分布在东北、华北、西北内陆地区以及长江以北沿海地带。江苏盐城海岸带位于中国海岸带的中部，是典型的粉砂淤泥质海岸，沿海滩涂面积为 4.57×10^5 hm²，约占江苏省沿海滩涂的 70%，全国沿海滩涂的 14.3%，是江苏沿海面积最大的后备土地资源，现阶段盐城海岸北部以 $5 \sim 45$ m/a 速度后退，以 $5 \sim 10$ m/a 的平均速度下蚀。新洋港以南高滩不断向海推进，平均淤进速度为 $50 \sim 200$ m/a，淤高速度为 $2 \sim 5$ cm/a。滩涂湿地高等植物面积迅速增长，平均增长率为 $2\,000$ hm²/a，湿地植被结构和生态服务功能亦有所改变。为保证 18 亿亩（合 1.2×10^8 hm²）耕地"红色底线"，实现耕地总面积的动态平衡，滩涂开发具有重要的战略意义。然而，滩涂围垦土壤盐渍化严重制约了种植业的发展，并引起高度重视。利用盐生植物对盐碱地和滨海盐渍土进行生物修复对盐渍土有明显的改善作用，同时具有一定的经济价值。

碱蓬属于黎科碱蓬属，是一种典型的盐碱指示植物，也是由陆地向海岸方向发展的先锋植物（彭益全等，2012）。碱蓬属植物对土壤中的盐分具有累积效应，其根系能从土壤中吸收大量的可溶性盐类，并将这些盐聚集在体内，作为有益的渗透调节剂增强植物抵御生理干旱的能力。因此，盐地碱蓬可明显降低土壤含盐量，是盐碱地改良的优势草种；另外，种植盐地碱蓬能显著增加土壤的总孔隙度，降低土壤容重，并增加土壤有机质、碱解氮、有效磷、速效钾以及土壤细菌、放线菌、真菌的数量。目前，盐地碱蓬主要以自然野生为主，产量极低。在低产情况下,尽管盐地碱蓬植株中盐分累积浓度很高,但盐分总吸收累积量却很小,这在很大程度上限制了其在盐碱地改良中的应用。因此,对盐地碱蓬进行驯化栽培,实现其高产,并维持或提高其总的盐分累积量,是快速改良盐碱地的重要途径之一。以产量为目标,就要投入较高的施肥量;以经济效益为目标,就要求适宜的施肥量。

研究发现 0～20 cm、20～40 cm 土层的土壤盐分变化规律主要受天气、耐盐植物的影响。在碱蓬出苗前的一段时间内,地表裸露,阴雨天气导致气温相对较低,蒸发量减少,土壤含水量在 5 月中旬达到最大,各处理的土壤水盐状况没有明显差异;随后的干旱天气加剧了土壤水分的蒸发,土壤含水量于 6 月中旬达到最低值;进入雨热同期的夏季(7,8 月),降水量与温度均增大,致使蒸降比较低,土壤盐分随降水向下淋洗,表层土壤(0～20 cm)呈现出明显的脱盐状态,随着水分向更深层次进一步淋洗,在土壤剖面的 20～40 cm,其至是 40～60 cm 土层,土壤盐分表现为升高的趋势;进入秋季,降水量减少,地表蒸发加强,雨季淋洗到下层的土壤盐分随上升的水分迁移到土壤表层,使盐分再次呈现表聚现象。自碱蓬出苗到生育期结束,种植碱蓬处理的水盐状况明显优于裸地,尤其是在 6 月最为突出。主要可能与三方面相关:首先,盐生植物种植后,田间空气湿度增加,气温和风速降低,水分蒸发减少,并可抑制地表返盐;其次,种植盐生植物可以将盐碱土地面覆盖起来,减少土壤水分的蒸发,将部分土壤水分蒸发由植物蒸腾所取代,从而减少土壤返盐,进一步降低耕作层中的盐分;再次,盐地碱蓬是叶肉质化真盐生植物,可以从土壤中吸收大量盐分,并积累在植物体中,而且主要积累在地上部分,因而随着盐地碱蓬的收获,土壤盐分就实现了转移。盐渍环境对植物的伤害主要包括渗透胁迫和离子胁迫,碱蓬能够在盐渍环境中生长,并可吸收盐分,通过将盐分限制在液泡或区隔在其他组织器官以完成正常的生理代谢功能,一方面可以使过多的 Na^+ 离开代谢位点,减轻 Na^+ 对酶类和膜系统的伤害;另一方面,植物可以利用积累在液泡内的 Na^+ 作为渗透调节剂,降低细胞水势,促进细胞吸水,抵抗盐分造成的渗透胁迫,氮磷肥的施入显著地影响着 Na^+ 与 K^+ 在碱蓬植株的分布。

针对退化的草甸草原,有报道指出,施氮肥能够明显改善草地植物种群结构,增加牧草种类,提高草地生物量。随着施氮肥量的增加,草层分层、草层高度、地上部生物量均得到明显增加。盐渍化土壤中的有效态氮磷含量一般较低,难以满足植物生长发育所需的氮磷素。另有研究表明,对生长在盐渍土上的植物增施氮磷肥,不仅可以明显改善植株体内的氮磷素养分状况,而且还能明显提高植物的耐盐能力与渗透调节能力,缓解盐分胁迫对植物的危害,从而促进其生长发育和产量的形成,随着氮磷肥用量增加,碱蓬生物量呈现出递增的趋势。在生物量增加的同时,表层土壤盐分含量也发生了变化,将碱蓬总生物量与土壤盐分进行相关性分析,碱蓬总生物量与表层土壤盐分之间极显著正相关,表明种植碱蓬的土壤表层土壤盐分变化与总生物量联系密切,主要由于碱蓬的生物量越大,地上部的蒸腾作用就越强,为维持碱蓬正常生理功能,根系对土壤水分的需求也就越大,致使根系周围及下层水分向根系迁移,碱蓬根系多数集中在表层,土壤盐分作为溶质,也随土壤水分的迁移而在表层聚集,生物量越大表层土壤盐分聚集越多。尽管 20~40 cm 土层的土壤盐分与总生物量呈现出了负相关,但是没有达到显著水平,碱蓬根系可以从其他土层吸收水分,然而碱蓬根系到达 20 cm 以下土层的数量很少,向根系迁移的程度很弱,碱蓬对表层以下的土壤影响微小。

盐渍土种植碱蓬后,0~20 cm 土壤水盐状况能够明显得到改善。氮磷肥显著影响 Na^+、K^+ 在碱蓬植株体内的含量及分布,施入氮磷肥能够显著增加碱蓬生物量,氮磷肥对碱蓬生物量的影响存在交互作用,氮肥对生物量的增加起主导作用。相关性分析表明,表层土壤盐分随总生物量的增加呈现递增趋势,且二者极显著相关。

7.2　碱蓬对盐碱及污染土壤生物修复的研究进展

7.2.1　碱蓬对盐碱土的改良功能

盐碱地的主要特点是含有丰富的水溶性盐或碱性物质。由于该类土壤含盐量高,pH 高,有机质含量少,腐殖质极易遭到淋洗流失,结构受到破坏,肥力低,湿时黏,干时硬,透气性、导水性和保水性等理化性状差,低耐盐或非耐盐性植物根本无法正常生长,因此限制了大多数超级积累植物对盐碱地的修复,盐碱地资源无法利用,植被覆盖率低,生态效益、社会效益和经济效益极差。如何开发利用这些盐碱地资源,已引起人们的高度重视。研究和实践证明,在盐碱地上引种耐盐植物,不仅具有较高的经济价值,而且是生物改良盐渍土的一种有效措施,具有良好的生态价值。碱蓬对盐碱地具有较好的适应性,同时具有良好的经济价值,还可以促进重金属和有机物污染的生物修复,对改良盐碱地具有明显的效果。

7.2.2　碱蓬对盐碱地物理性状和含水量的影响

容重是土壤紧实度的一个指标,一般为 $1.0 \sim 1.8\ g \cdot cm^{-3}$。孔隙度反映土壤孔隙状况和松紧程度,一般介于 $33\% \sim 65\%$ 之间。二者均与土壤质地、有机质含量等密切相关。同时,参与决定土壤的导水性、保水性、透气性等物理性状,这些性状都与植被生长密切相关,是评价土壤质量的重要指标。例如一般农田表层土壤的容重为 $1.2\ g \cdot cm^{-3}$ 左右,太高或太低均不利于农作物根系生长。此外,孔隙度对植株生长非常重要,关系到土壤中的通气状况,特别是氧气含量,因为土壤中含有众多需氧微生物,需要在有氧情况下对腐殖质进行腐熟。微生物对土壤结构改善是一种微观行为,如果土壤经常处于板结状态,其活动将会受到抑制,不利于繁殖以及对土壤的有益改造。其次,孔隙度关系到土壤中的水分运动,植株生长需要大量水分,地下水分主要通过土壤毛细管运输到植株根部,土壤板结也会对水分运输产生不利影响,进而影响植株对水分的吸收。因此,孔隙度、容重和含水量是盐碱土利用的关键。然而,滨海湿地土壤含盐量多在 1.0% 以上,盐渍化严重,超出了所有常规大田作物的耐盐极限,大多数不能有效利用,只有经过漫长的改良或自然脱盐过程后,才能逐步应用于农业生产。在天津东疆港区内,人工造陆形成的吹填土种植盐地碱蓬 1 年后,浅中层和深层土壤的总孔隙度和含水量较裸地对照分别提高约 $17\% \sim 20\%$ 和 $4\% \sim 13\%$,容重降低约 $16\% \sim 19\%$,且土壤表层含水量增加最为明显,高达约 13%,因此,推断认为盐地碱蓬有改善土壤孔隙度、容重等物理性质和含水量的功能(邹桂梅等,2010)。

7.2.3　碱蓬对盐碱土壤化学性状的影响

作为盐生植物,碱蓬具有良好的经济价值和生态价值,一直是备受瞩目的环境改良经济作物,其在含盐量小于 2.5% 的盐碱地上正常生长,并形成产量。在含盐量为 $1\% \sim 1.3\%$ 的盐碱地每平方米(约 $1 \times 10^{-4} hm^2$)种植 80 株盐地碱蓬 1 个季度,可以脱 $Na^+ 6\ 851.4\ kg \cdot hm^{-2}$。此外,其对盐碱土含盐量、pH、有机质、N、P 和 K 均有影响,且影响程度与土壤质地、土层深浅、自身含盐量和碱蓬种植年限等均密切相关。林学政等(2005)在重黏质土种植盐地碱蓬 1 年后,与对照相比,$0 \sim 20\ cm$ 的电导率下降 13%,有机质和总氮分别增加 43% 和 18%;种植 2 年后,可溶性盐下降约 $37\% \sim 41\%$。张立宾、徐化凌、赵庚星(2007)在含盐量

$15\sim20\,\mathrm{g\cdot kg^{-1}}$的滨海盐渍土连续种植碱蓬 3 年后,盐碱地脱盐效果显著,高达约 27%,对照裸地含盐量反而增加 20.4%;有机质、全氮、速效磷和速效钾均有提高,分别约为对照的 1.5 倍、2.7 倍、2.9 倍和 1.4 倍。邹桂梅等(2010)在全盐平均含量 3.53%(最高达 5%)的壤质黏土种植盐地碱蓬 1 年后,与对照裸地相比,全盐从表层到深层,脱盐率高达 27.23%~50.54%,而对照裸地的增加 4.63%~19.12%;pH 略有增加,但增量随着土层深度的增加而减少;有机质、碱解氮、速效磷和速效钾都有增加,且有机质增加最多,但有机质、碱解氮和速效钾的增量随土层深度增加而减少,速效磷随土层深度增加而增加。刘玉新、谢小丁(2007)在含盐量分别约为 3%、2% 和 1% 的滨海盐土种植碱蓬 2 年后,含盐量分别降低 62%、57.5% 和 44.5%;有机质明显增加,分别提高 0.6 倍、1 倍和 0.5 倍;N、P 和 K 含量分别增加约 20%~33%、21%~93% 和 7%~17%,且随样地含盐量增加而增加。除人工除草松土外,含盐量 1%~1.3% 的盐碱土种植盐地碱蓬 1 个季度后,不同土层的 Na^+ 均有降低;N、P、K、有机质、细菌和真菌都有增加,分别约为原来的 2.7 倍、2.9 倍、2.2 倍、2.3 倍和 31 倍。王玉珍等(2006)发现含盐量为 0.94% 的滨海氯化物潮盐土种植 3 年翅碱蓬后,总盐量降低约 58%,$10\sim20\,\mathrm{cm}$、$20\sim40\,\mathrm{cm}$ 和 $40\sim60\,\mathrm{cm}$ 分别降低 81%、54% 和 52%;而有机质、氮、磷和钾分别增加约 23%、76%、63% 和 21.4%。因此,推断认为脱盐率与盐碱地自身含盐量成正相关,盐碱地含盐量越高,脱盐效果越显著;与土层深度呈负相关,土层深度越大,脱盐率越低。有机质、N、P 和 K 增量与土层深度呈负相关,土层越深,有机质增量越低,N、P 和 K 增量越低;土壤自身含盐量越高,N、P 和 K 增量越高。与滨海盐碱地相比,干旱区盐碱地的生物修复不仅受到高盐碱环境的制约,而且可利用淡水资源的缺乏也严重阻碍了耐盐植物生长发育。然而,在咸水或微咸水的滴灌条件下,盐地碱蓬对盐渍荒漠新垦区 Na^+、Cl^- 和 SO_4^{2-} 具有较强的摄取能力,表现同样的脱盐效果,$0\sim30\,\mathrm{cm}$ 和 $30\sim60\,\mathrm{cm}$ 总盐量分别下降 33% 和 29%,而对照裸地 $0\sim30\,\mathrm{cm}$ 仅下降 21%,$30\sim60\,\mathrm{cm}$ 的甚至提高 18.3%。其次追施氮肥能够促进盐地碱蓬对黏砂壤灰漠盐碱土的生物修复,降低 Na 浓度及其危害。祁通等(2011)同样发现盐地碱蓬可使盐碱地 Na^+、Cl^- 和 K^+ 浓度分别比对照裸地低 39%、37% 和 42%,且使得 $0\sim60\,\mathrm{cm}$ 土层总含盐量下降约 14.7%,$0\sim40\,\mathrm{cm}$ 的电导率平均下降 31%,$0\sim20\,\mathrm{cm}$ 总含盐量有效降低。吉志军等(2006)发现浇灌含盐量分别为 $6\,\mathrm{g\cdot L^{-1}}$ 的污水处理水和 $12\,\mathrm{g\cdot L^{-1}}$ 的景观河道水在种植于含盐量介于 $25\sim38\,\mathrm{g\cdot kg^{-1}}$ 的碱性滨海盐渍土伴砂基质的碱蓬上,可使速效氮、磷和钾分别增加 7 mg·kg^{-1}、20 mg·kg^{-1} 和 80 mg·kg^{-1}。综上而言,在不同类型盐碱地上种植碱蓬后,土壤的化学性质均得到一定程度的改善,环境也都向着良性发展,而改善程度与盐碱地自身状况,包括土壤质地、含水量和理化性质等密切相关。

7.2.4　碱蓬对盐碱土壤微生物的影响

土壤是无机物、有机物和生物的有机复合体。土壤的理化性质变化必然影响其中生物,生物的变化反过来也会影响土壤的理化性质。微生物作为土壤生态系统中的主要组成部分,是生态系统的分解者,也是物质循环和能量交流的承担者,与土壤酶构成了土壤的活性物质,能够直接参与并促进土壤中一系列复杂的生理生化反应,既是土壤生态系统中物质循环和能量转化畅通的前提,也是土壤生态系统发育成熟与否和系统资源能否高效持续利用的重要标志,与土壤肥力、植物生长、土壤改良状况密切相关。因此,研究种植盐生植物改良盐渍土的效果,不仅应该对种植前后的土壤理化指标进行考察,而且微生物种群和数量也是重要的研究内容。邹桂梅等(2010)发现壤质黏土种植盐地碱蓬 1 年后,与对照裸地相比,从表层到深层微生物总数共增加 7.8 倍,表层细菌、放线菌和真菌数量分别增加 3.4 倍、9.4 倍和 1.5 倍,中层分别增加 2.4 倍、40.7 倍和 2.7 倍,深层分别增加 8.1 倍、46.0 倍和 3.5 倍。赵可夫指出仅人工除草和松土,含盐量 1%~1.3% 的盐碱地种植盐地碱蓬 1 个季度后,细菌和真菌数量分别增加 155% 和 30 倍,然而对照裸地的细菌减少 2.8%,真菌没有变化。林学政等(2005)发现在重黏质土种植盐地碱蓬 1 年后,与对照相比,细菌、放线菌和真菌分别增加 1 倍以上、5 倍和 16 倍,且微生物种群等明显增加;连续种植 2 年后,分别增加 2.3 倍、4.3 倍和 71 倍,且细菌群落最适生长盐度变化明显,优势种群从 3 个优势种群减少到 1 个。代金霞等(2019)研究亦有此发现。因此,碱蓬对改良土壤微生态环境有良好效果,且与修复年限、土壤质地和含盐量等密切相关。究其原因,生物生长的主要限制因子盐度的降低使碱蓬根际微生物数量发生变化。碱蓬种植后,可以从土壤中吸收大量盐分,富集于植株体内,且 90% 又积累在地上部分,因而随着植株收获,盐分成功实现转移。其次,地表覆盖度的增加,降低了地面水分蒸发,避免了蒸发造成的地表积盐,增加了土壤水分含量。再次,碱蓬在盐碱地生长过程中,枯枝落叶、残留根系和根系分泌物等都有利于土壤有机物质增长,进而导致微生物数量和氮素的增加。土壤微生物增加以后,微生物活动增加,根系呼吸作用放出的 CO_2 溶于水后形成碳酸,以及根系分泌的柠檬酸和苹果酸等有机酸,对土壤难溶物质溶解起促进作用,增加磷、钾、钙等盐类溶解,全面改善土壤肥力并促进碱蓬生长,从而促成整个微生态系统向良性循环的方向发展。然而,对于碱蓬对盐碱地改良期间,微生物种群和土壤酶活的变化,以及与土壤含水量、理化性质之间相关性的研究对于阐明盐碱地在生物修复过程中的微生物演替,对于盐碱地改良过程中技术或技术配套模式的采用都具有十分重要意义。因此,碱蓬在对盐碱地修复过程中,微生物数量、种群和土壤酶活,以及与土壤质地、含水量和理化性质变化之间相关性将需要进一步的研究。

7.3 结 论

我国约有 $9.913×10^7 \ hm^2$ 的盐碱荒地和滩涂湿地,为开发利用这一后备土地资源,盐碱地的污染修复和改良是必须的先行措施,否则在这些高盐碱的后备资源上,农作物或经济作物等都难以生存,更不可能实现其生态价值、社会价值和经济价值。因此,选择优良的可修复和改良盐碱地的植物是非常必要的,甚至是至关重要的。碱蓬对盐碱地不仅具有良好的生物修复功能,而且作为滨海、河口等地的常见优势种群,不存在外来物种入侵的危险,甚至能在含盐量为 2.5% 的盐碱地上良好的生长发育,并形成产量,而且具有丰富的营养物质,可作为蔬菜、油料、饲料、药物、食用色素及化工原料等进行开发利用。因此,碱蓬在盐碱地开发过程中具有巨大的可持续发展潜力,可成为首选物种。碱蓬对盐碱地的生物修复和改良功能之所以受到越来越多的关注和重视,主要在于它低投入、高产出,以及利用太阳能作为动力,是一种节能、安全的处理技术。目前,碱蓬对盐碱地的生物修复和改良仍属一个新的研究开发点,多数研究成果仅限于实验阶段,因此,研究关键是筛选出能对盐碱地高效生物修复和改良的种质,以及改善其累积吸收性能的方法。此外,土壤类型和污染物类型等的不同,碱蓬修复和改良优势还不能得到完全令人满意的结果,但通过深入、细致地研究碱蓬-微生物-盐碱地三者之间的相互作用关系,将缩短对盐碱地生物修复和改良的周期。综上所述,碱蓬对盐碱地生物修复和改良的研究方向及考虑和解决的问题主要有:
① 利用生物学技术,构建或筛选出高效且安全的修复和改良盐碱地的碱蓬;
② 盐碱地含盐量高,且滨海湿地多伴随重金属和有机物的污染,又以复合污染

为主,因此在筛选时应注意筛选出能同时吸收几种污染物的高抗逆性碱蓬,以用于生产实践;③ 碱蓬对盐碱地的生物修复和改良目前多处在小试阶段,需要进行由小试到中试甚至实际运行的过渡研究,同时需要对系统运行进行科学的管理;④ 需要对碱蓬生物修复和改良的实施及有关技术进行规范与示范,包括建立相应的种子库及有关快速培育与繁殖技术体系;⑤ 需要建立碱蓬对盐碱地生物修复和改良的安全评价标准,包括建立环境化学、生态毒理学评价检测指标体系;⑥ 需要对运行费用标准和处理达标明确规范,并建立相应的责任处罚规章制度与条例。

第8章
藜麦对盐土改良效果评价及范例

8.1　全营养型作物藜麦产业发展概况及病虫害防治

8.1.1　藜麦简介

在南美殖民时代,第一个提到藜麦的是西班牙人 Pedro de Valdivia,他于1551 年向西班牙国王报告智利作物种植情况:玉米、马铃薯、藜麦等。藜麦的起源中心在玻利维亚和秘鲁,具有 3 000 年以上的栽培历史。其中安第斯山区的提提喀喀湖沿线是藜麦多样性和变异性最集中的地区。藜麦与其他藜科种质间不存在显著差异,具有良好的通用性(张体付等,2016)。其对印加人具有独特的宗教意义,被称为"粮食之母和众神之粮"。藜麦是石竹目,苋科,藜亚科,藜属的一年生双子叶草本植物,植株高度 $100\sim300$ cm,为 C_3 植物。藜麦具有极强的环境适应性和表型可塑性,可适应低海拔至高海拔不同生态区域环境。藜麦具有耐寒、耐旱、耐贫瘠、耐盐碱的品质(时丕彪等,2017;2018),高湿环境易穗发芽,其苗期可在 -4 ℃下耐 $3\sim4$ 小时,开花后对霜冻敏感,适用的土壤酸碱度为pH $4.5\sim9.5$。

藜麦是一种单体植物即可满足人体基本营养需求的食物(时丕彪等,2019),营养价值极高:

① 富含高品质蛋白质,无麸质,氨基酸配比均衡。FAO/WHO 认为,藜麦蛋白质含有符合 $10\sim12$ 岁儿童营养需求的氨基酸组成比例。蛋白含量 $12\%\sim26\%$,可媲美牛肉。有研究认为藜麦蛋白质含量受环境影响很大,低海拔大于高海拔。

② 脂肪含量高于常见谷物。籽粒胚芽富含不饱和脂肪酸(亚油酸、亚麻酸)及油酸,构成比例符合 FAO 推荐值。

不同藜麦品种外观特征

藜麦及其他粮食的养分含量,每 100 克干重

	藜麦	玉米	大米	小麦
热能(kcal)	399	408	372	392
蛋白质(g)	16.5	10.2	7.6	14.3
脂肪(g)	6.3	4.7	2.2	2.3
碳水化合物总量(g)	69.0	81.1	80.4	78.4
铁(mg)	13.2	2.1	0.7	3.8
锌(mg)	4.4	2.9	0.6	4.7

藜麦种子

③ 主要碳水化合物是淀粉,含糖少,支链淀粉含量高。

④ 与常见谷物对比,富含维生素 E、B_2、B_1、C。

⑤ 富含叶酸,是小麦的 10 倍。

1980 年,NASA 将藜麦应用在受控生态生命支持系统中,改善宇航员蛋白质摄入量。2006 年,藜麦被 FAO 列为 21 世纪世界粮食安全和人类营养最有前途的作物之一。2013 年被命名为联合国"国际藜麦年"。

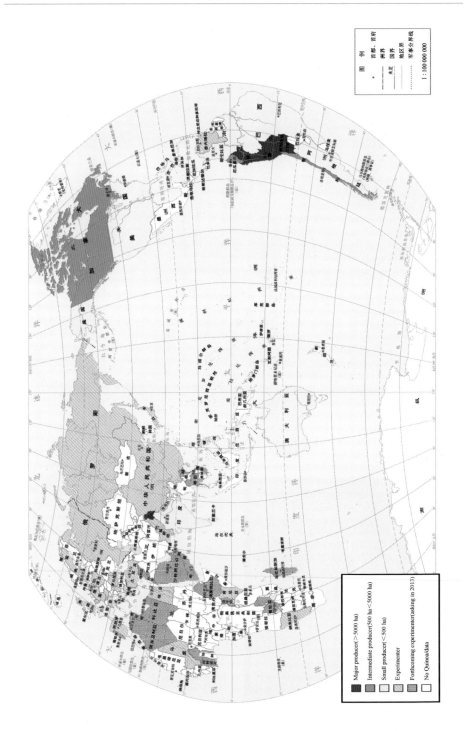

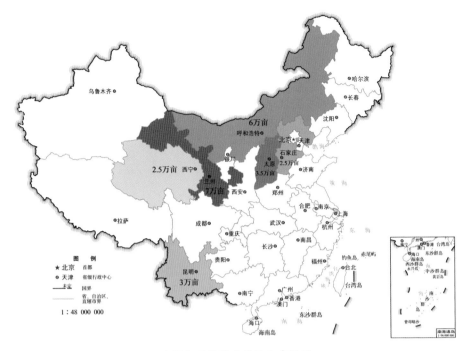

中国和世界藜麦种植分布状况

近 20 年平均产量排名前三的国家为秘鲁（3.44 万吨）、玻利维亚（3.13 万吨）、厄瓜多尔（0.1 万吨），中国 2017 年产量约 1.5 万吨。藜麦的主要产品为藜麦米、藜麦通心粉、速溶藜麦燕麦粥、藜麦糙米、藜麦薄脆饼、藜麦婴儿米粉。

发展藜麦产业，在乡村振兴、产业扶贫中的作用：

① 调整种植产业结构，培育特色富民产业。一是丰富贫瘠、丘陵山地区域的作物种类，提高土地利用率，扩大农民增收渠道；二是培育生态有机农业产业，以营养健康为主题，精心建设特色有机农庄，打造品牌，优质优价，实现精准扶贫的目标。

② 粮饲兼用，生态效益明显。饲用价值高，是优质饲草作物，可作为饲草作物进行研究开发。

③ 生态效益：一是节水（较传统玉米、小麦节水 300～400 m³）、节肥；二是生态旅游观光效果明显。

部分藜麦深加工产品

规模化种植藜麦景观

8.1.2　存在问题

① 藜麦优良品种匮乏,产业化发展受限:国内藜麦品种均是从原产国引入,由于受到知识产权和地方资源保护的影响,加之藜麦异交率高等特点,导致引进的藜麦品种存在品性退化、抗性衰退及产量下降等现象,已严重制约我国的藜麦生产。

② 栽培技术传统,生产水平低下:目前缺乏优质高产配套技术。

③ 缺乏精深加工企业,产品单一。

④ 试验研究未深入:第一,藜麦具有耐盐、耐旱、耐寒等生物学特性,但其分子机理尚未得到清晰研究;第二,藜麦在不同生态区域栽培技术研究尚不完善;第三,病、虫、草防控措施尚未系统研究;第四,高温高湿环境影响藜麦结实等问题突出。

8.2　藜麦的耐盐性评价及在滨海盐土的试种表现

藜麦发源于高海拔地区,具有较强的抗逆性,对于土壤贫瘠、盐渍、干旱和霜冻等逆境均有较好的耐受性,因此已经被广泛引进到世界其他地区。藜麦在耐盐方面表现尤为突出,因此受到了世界上很多盐土地区农业的青睐。我国盐土面积广大,充分利用盐土耕地资源是解决当前耕地短缺问题的一条有效途径,因此藜麦的种植对于我国的农业发展具有重要意义。

2015 年春季在江苏省盐城市沿海滩涂对 3 个来自荷兰的藜麦品种 Pasto、Atlas 和 Riobamba 进行了试种。结果表明,高密度小区的植株数量是低密度小区的 4 倍。从种植密度与产量的关系来看,种植 Atlas 和 Pasto 的高密度小区的藜麦总产量普遍显著高于低密度小区。其中 Atlas 最为明显,高密度小区产量为平均 1.12 kg,是低密度小区产量(平均 0.30 kg)的 3.7 倍。Pasto 的高密度小区产量为平均 0.98 kg,也显著高于其低密度小区的产量(平均 0.85 kg)。但是 Riobamba 的高密度种植与低密度种植在产量方差分析上没有差异,甚至高密度小区平均产量(0.91 kg)比低密度小区低(1.02 kg)。从品种与产量来看,产量最高的是高密度种植 Atlas(约合 2.48 t·hm^{-2}),其次为低密度种植的 Riobamba(约合 2.26 t·hm^{-2}),产量最低的是高密度种植的 Pasto(约合 2.18 t·hm^{-2})(如下图所示)。

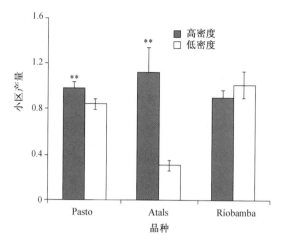

3 个不同品种在田间试验中的小区产量

由下图可知,平均单株产量最高的品种是 Riobamba,在低密度种植条件下可以达 5.65 克/株。而在完整生育期盐胁迫试验(盆栽)中,Riobamba 的单株产量也是最高的,达到 5.21 克/株。Atlas 的单株产量最低,在高密和低密种植条件下分别为 1.55 克/株 和 1.69 克/株,但是这一品种在之前的盆栽试验中单株产量达到 4.84 克/株。此外,Pasto 在田间的低密度种植试验中单株产量达到 4.70 克/株,是其盆栽试验中单株产量(3.00 克/株)的 1.6 倍。

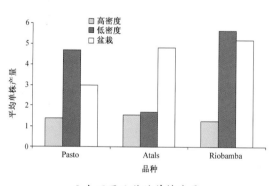

3 个不同品种的单株产量

综上所述,3 个品种中,尽管 Atlas 的单株产量在低密种植和盆栽过程中都是最低的,但是田间小区试验表明 Atlas 高密度种植的产量最高;Riobamba 在低密度种植或是盆栽的条件下具有最高的单株产量;各个品种单株产量均因种植密度的提高而降低,其中 Riobamba 的单株产量因种植密度的提高下降的幅度较大,因此较适合低密度种植。

土壤的盐渍化是世界农业所面临的一个重要问题,但是盐土也是一种自然的土地资源,对其进行脱盐治理或开发适盐土农业生产新模式是利用好这一资源的关键。我国最大的盐土资源就位于江苏沿海的滩涂,它也是亚洲面积最大的滩涂,且面积还在不断增长,合理利用滩涂土地资源已经成为该地区发展的基本战略。研究报道了藜麦在江苏沿海滩涂地区的试种。藜麦是一种兼性盐生植物,可以在近似于海水盐度的条件下生存。据统计,目前全球总共记录有约 2 500 份藜麦种质资源,Adolf 等发现不同藜麦种质间对于盐胁迫的反应有很大差异,而这些差异是由于遗传变异导致的。

　　研究中田间试验最终收获的藜麦籽粒产量与这 3 个品种在欧洲一般的耕地上的产量相似,且与国内其他地区引种藜麦所得产量具有可比性。由此可知,试验所用的 3 个品种是比较适应该地区的土壤和环境的。此外,在田间试验期间,除自然降雨之外,未进行任何的人工灌溉,而且在整个试验过程中没有发现植株出现任何干旱胁迫表型。江苏省的自然降雨比较丰沛,而藜麦又是一种耐旱作物,因此可以预见在江苏沿海滩涂种植藜麦可以节约大量的灌溉用水源及成本。但是,在藜麦收获期或收获前期,如果遭遇大量降雨会对产量造成损失。因此,在江苏本地种植时,应尽量在梅雨季节到来之前收获。该研究中,田间试验所选取的 3 个品种相对于传统藜麦品种具有两大显著优点。① 分枝少,适合密植;② 种子表面皂苷含量极低,省去了种子加工过程中清洗种子表面皂苷的工序。藜麦的产量主要来自位于中部的主穗,分枝过多会导致藜麦种植中土地利用不足,最终导致经济效益下降。因此,选择合适的品种和适宜的种植密度,对种植藜麦的经济效益意义重大。该研究结果表明,在江苏沿海滩涂的气候条件下,供试的 3 个藜麦品种中 Atlas 最适合密植,Pasto 较适合密植,而 Riobamba 比较适合低密度种植。此外,Atlas 在田间试验中的单株产量远远低于其在盆栽试验中的,土壤肥力的不足可能是导致这一结果的主要原因。因此,在未来的研究中应进一步优化 Atlas 田间种植过程中的肥水管理,以期能够大幅度提高其产量。

8.3　藜麦及其在江苏盐土区域产业化发展可行性分析

8.3.1　藜麦产业规模及市场单价

　　据统计,近 20 年平均产量排名前三的国家:秘鲁(3.44 万吨)、玻利维亚(3.13 万吨)、厄瓜多尔(0.1 万吨)。我国于 20 世纪 80 年代中期引进藜麦品种,2001 年后开始产业化种植,至 2016 年,我国藜麦种植面积约 13.5 万亩,主要产地在山西、甘肃、青海、内蒙古、吉林等省份,产量约 1 万吨。传统藜麦种植区域集中在海拔 1 000 米以上区域,亩产量变幅为 50～150 千克。

　　近年来,我国青海、甘肃等省份在适宜种植区域大力发展藜麦产业,随着品种选育及配套栽培技术研发的进展,部分地区藜麦亩产量稳定在 200～300 千克,高产纪录达到 400 千克,以 6～8 元原粮收购价核算,经济效益显著,并被列入多省市扶贫项目工作内容。目前青海省政府通过企业牵头,在三江平原建立藜麦百亿项目区。甘肃省也建立 2 个亿元藜麦种植加工示范项目。

　　藜麦产品主要销售渠道为电商,部分种植基地以欧洲市场为主,产品质量良莠不齐。针对不同消费群体及产品认证,藜麦米产品价格为 18～288 元/千克。正常销售价格为 40～196 元/千克。

　　2017 年,由中国农科院牵头,筹建我国第一个藜麦产业联盟。

　　目前国内市场上藜麦加工产品信息如下:藜麦米 58 元/千克、藜麦通心粉 46 元/千克、速溶藜麦燕麦粥 115 元/千克、藜麦糙米 122 元/千克、藜麦薄脆饼 198 元/千克、藜麦婴儿米粉 258 元/千克。

藜麦生产的部分商品

8.3.2　江苏盐土区域开展藜麦产业发展的可行性

1. 江苏藜麦现有研究基础

　　藜麦耐盐碱、耐贫瘠,具有极强的环境适应性和表型可塑性,现有研究表明,藜麦在相对湿度 40%～88%、海拔 0～4 000 米、温度-1～38 ℃、pH 4.5～9.5、盐分 0～500 mol 环境下均有种植经历,特别是在室内试验环境下,藜麦能在海水盐浓度条件下完成生命周期并结出种子(顾闽峰等,2017)。藜麦是一种兼性盐生植物。全球约有 25 000 份藜麦种质资源,藜麦原生环境的复杂性造就了其资源的多样性和广泛的适应性(Zhang et al.,2017)。

江苏是我国东部沿海发达省份,对营养型食品需求旺盛,温光水资源充沛,适合藜麦优质高产栽培,但因现有主栽品种迟熟、株高等特性,穗发芽、倒伏、机械化收获难等问题严重影响产量与品质,甚至绝收。品种与高效栽培技术等关键因素制约了藜麦产业在本地区的发展。国内育种家原认为藜麦只适合高海拔、冷凉性地区栽培。

2013 年,盐城市新洋农业试验站针对江苏沿海滩涂资源环境,广泛征集国内外藜麦种质资源 160 多份,其中从美国作物种质资源库征集 112 份、澳大利亚征集 35 份、荷兰征集 3 份、国内藜麦主产区征集 10 份。利用系统选育法,筛选出适合我省沿海地区种植的育种材料 63 份,利用矮秆材料与高秆材料自然混合杂交方法,从后代定向选育出高产稳产、适口性好、生育期 115 天左右、株高 90 cm 左右的中秆早熟品系 2 份,分别定名为"苏藜 1 号""苏藜 2 号",小区原粮产量折合亩产为 243.5 kg,籽粒千粒重为 3.089 g。2015 年中科院赵其国院士对选育的藜麦新品系进行了现场鉴定。

赵其国院士考察藜麦生产状况

规模化种植藜麦

2. 藜麦在江苏沿海地区的耐盐特性表现

藜麦是一种兼性盐生植物,可以在近似于海水盐度的条件下生存。但是不同品种的藜麦的耐盐性存在差异,Adolf 等发现藜麦品种间对于盐胁迫的反应有很大差异,而这些差异是由于遗传变异导致的。藜麦种植受到了世界上很多盐土地区农业的青睐。我国的盐土耕地面积广大,引进耐盐植物可以充分利用盐土土地资源,所以藜麦的种植对于我国农业发展具有重要意义。

盐城市新洋农业试验站 2015 年进行了藜麦耐盐性试验,对 123 份藜麦种质资源进行耐盐性评价,其中 120 份来自美国农业部(USDA)种质资源平台。在这 120 份来自 USDA 的种质资源中,有 46 份源自美国、44 份源自玻利维亚、15 份源自秘鲁、14 份源自智利、2 份源自阿根廷、1 份源自厄瓜多尔、另外有 2 份的来源未知。同时选择来自荷兰瓦赫宁根大学 3 份藜麦材料在江苏北部沿海滩涂上进行了试种,3 份材料表现出了良好的适应性和较高的产量。

藜麦苗期的盐胁迫实验表明:供试的 123 份藜麦种质资源的耐盐性存在较大差别。对于 100 mM 盐浓度,所有的品种均表现为不敏感,这与 Hariadi 等的报道相符。随着盐浓度的不断升高,越来越多的品种开始表现出对于盐胁迫的敏感性,只有 1/3 的品种能够在 250 mM 浓度的盐处理中存活且无叶片发黄或萎蔫等盐胁迫表型。而在 350 mM 盐浓度中,只有 3 个品种能够维持正常生长(与对照相比)。Orsini 等与 Ruize-Crrasco 等的研究也都发现:藜麦对于 300 mM 及以上的盐浓度表现出了比较普遍的敏感性。而该研究中对于 6 个藜麦品种的植株发育与生育期的盐胁迫实验表明 100 mM 的盐浓度处理对于植株造成的影响是微小的。尽管这 6 个品种在苗期实验中没有表现出对于 150 mM

与 250 mM 这两个盐浓度的敏感性,但是植株长期在这两个浓度下进行处理,对于藜麦植株发育的影响是比较显著的。相比于其他指标,根系干重是变化最为明显的。与对照组相比,350 mM 浓度盐处理使发育中和成熟植物的根系干重平均分别下降了约 40% 和 22%。这一现象表明,藜麦的根系对于盐胁迫可能比较敏感。尽管 Ruize-Carrasco 等报道,在藜麦苗期生长时,对其施加 150 mM 浓度的盐胁迫没有影响其根的发育(根长),但是该研究表明,长期的盐胁迫,即使是低浓度,如 100 mM、150 mM,对于藜麦根系发育的负面影响还是存在的。而另一方面,不同浓度的盐胁迫对于藜麦最终的籽粒产量的影响相对来说是微小的。这说明盐胁迫对于藜麦的经济价值的影响比较小,从这一角度来看,在盐土耕地上种植藜麦是非常有潜力的。

在此项研究中,供试的 123 份不同藜麦品种材料的耐盐性是存在差异的。对于 150 mM 以下的盐浓度,大多数品种是不敏感的,只有少数品种能够耐受 250 mM 以上的盐浓度。发育及生育期盐处理实验表明,盐胁迫对于藜麦植株的根系发育影响比较大,但是对籽粒产量的影响比较小。在江苏沿海滩涂盐土耕地上开展的小区实验表明:藜麦种植对进一步科学合理地利用该地区的盐土土地资源是非常有潜力的。

近期,选育的"苏藜 1 号""H - 44""H - 21"等新品种(品系)在东台条子泥中度盐土区域生产性试验中均取得亩产 150 kg 以上的产量。目前拟在沿海地区开展藜麦矮秆品种密植机械化种植技术创新。

3. 江苏沿海地区藜麦种植成本分析

通过对近三年"苏藜 1 号""苏藜 2 号"15 亩种植投入各项成本分析,列表如下(以每年 3 月上旬播种、6 月上中旬收获为例):

藜麦成本与收入(育苗移栽)

种类	用量(/亩)	金额(元)
种子	400 克	160
农膜	10 斤	70
农药	4 瓶	40
肥料	复合肥 25 千克	75
农田作业费(耕、耙、施肥、起垄)		130

（续表）

种类	用量(/亩)	金额(元)
育苗		140
平整		20
覆膜		30
移栽		160
喷药、除草等管理		85
收割	1个工	100
打晒	1.5个工	150
加工	以每亩350斤计,0.1元每斤	35
合计：		1 195

藜麦成本与收入（直播）

种类	用量(/亩)	金额(元)
种子	500克	200
农膜	10斤	70
农药	3瓶	30
肥料	复合肥25千克	75
农田作业费(耕、耙、施肥、起垄)		130
平整		20
覆膜		30
播种		50
喷药、除草等管理		75
收割	1个工	100
打晒	1.5个工	150
加工	以每亩300斤计,0.1元每斤	30
合计：		960

种子价格：目前国内市场藜麦种子市场尚未纳入农业部种子管理部门统一管理,国外藜麦种子价格行情为 300～800 元/斤。我国西北地区许多合作社以藜麦原粮作为种子出售、种植,导致种性退化、混杂严重。本次计算种子价格以

200 元/斤为标准。

加工：目前以杂粮加工形式为主，若能引进藜麦专用加工设备，前期投入较大，但总体能降低成本、提高商品品质，可为高端市场提供产品(阿图尔·博汗格瓦、希尔皮·斯利瓦斯塔瓦，2014)。

4. 藜麦产品销售收入分析

① 以藜麦米产品形式销售。

国内藜麦销售主流方式以藜麦米系列包装产品形式销售，2015 年国家粮食局颁布了藜麦米国家粮食行业标准，在此标准基础上，藜麦米按色泽、整齐度、籽粒直径分为不同等级的商品。

"苏藜 1 号""苏藜 2 号"藜麦籽粒千粒重、直径等特征均适合生产中级以上商品，按目前生产成本及销售价格分析，

我站在沿海地区种植加工后的藜麦米

我区生产的藜麦米系列包装产品价格适宜定价区间为 45～98 元/斤。去除包装、物流、销售、管理、税收等环节费用，每斤藜麦米最终裸价为 15～33 元/斤。

② 以藜麦系列加工产品形式销售。

有待市场开发，如藜麦面、藜麦面包粉、藜麦营养即食包装、藜麦面条等系列产品，消费空间巨大。

5. 藜麦种植亩收益分析

在江苏沿海滩涂盐分低于 5‰以下区域规模化密植，机械化采收，每亩藜麦原粮平均产量应达到 300 斤，按加工损耗 15% 计算，经加工可得藜麦米约 255 斤。以藜麦米产品价格 15～33 元/斤进行分析，亩收入 3 825～8 415 元，扣除亩生产投入(以直播方式机械化种植模式为例)960 元和亩租金(800 元·亩$^{-1}$·年$^{-1}$)，每亩一季纯收益 2 065～6 655 元。

若生产力及市场消费许可的前提下，可根据 7 月气候环境适时安排下半年种植计划，一般下半年种植产量为上半年的 70% 左右(任贵兴等，2015；K. 墨菲，J. 马坦吉翰，2018)。

第 9 章
菊芋耐盐效果评价及深度开发范例

　　我国 15 年战略规划目标为 2020 年生物能源替代 25% 的进口石油,其中燃料酒精 1.5×10^7 t,生物柴油 1.5×10^7 t,材料和化工原料用油 1.5×10^7 t,二氧化碳排放减少 2×10^8 t。目前欧洲生物质能源约占总能源消耗量的 2%,预计 15 年后将达到 15%。2020 年美国生物质燃料将代替 20% 的化石燃料。开发利用可再生资源,大力发展生物能源及生物基化学品,减少经济发展对石油的依赖,具有十分重要的战略意义。一个全球性的产业革命正由碳氢化合物(黑金)到碳水化合物(绿金)发生转变。

　　我国目前主要能源植物资源糖基类有木薯、甜高粱、菊芋等(Li et al.,2016),油脂类能源植物有油菜、油葵等。木薯主要分布在广西、海南、广东、福建和云南等省区,具有适应性强、耐旱、投入少、省工、省肥、可以间作套种等优势。2002 年全国木薯种植面积 4.37×10^5 hm²,约占世界总种植面积的 1.6%,鲜木薯产量 5.91×10^6 t,占世界木薯总产量的 3.2%。目前优良木薯品种单产一般在 30 t/hm² 以上,折糖 5 195～8 850 kg/hm²。甜高粱是普通高粱的一个变种,属高光效作物,其单位面积生产酒精量和甘蔗媲美,甜高粱生产酒精 3 990～6 330 L/hm²,甘蔗为 6 150 L/hm²,甜高粱是最有效的太阳能转换器,它无疑是一个再生的地面油田。菊芋在全球的热带、温带、寒带以及干旱、半干旱地区都有分布和栽培。菊芋的繁殖力很强,每年可以 20 倍以上的速度进行繁殖。菊芋对土壤的适应性较强,能从难溶的硅酸盐土层中吸收养分,即使在含盐量 7‰～10‰的盐碱地上也能生长良好。其根系发达,具有抗风沙及保持水土的作用。菊芋是一种健康食品,菊粉能减轻高脂血症(Yu et al.,2018)。此外,菊芋抗病虫害能力强,生产过程中一般不需要喷施农药,适于粗放种植。平均海涂荒地生物量达 75～150 t/hm²,其中地上部分产量为 37.5～60 t/hm²,地下块茎部分为 45～90 t/hm²,纯沙漠荒地块茎也可达 15 t/hm² 左右。菊芋块茎的菊粉含量很高,可占湿重的 20％左右、干重的 80％左右。菊芋块茎中糖总量 8 500.5～15 000 kg/(hm² • a),为玉米的 2 倍,与甜菜持平;转化为乙醇,单产为 3 499.5～6 750 kg/hm²,为玉米的 2.0 倍,小麦的 3.7 倍;转化为生物柴油,荒地单产柴油 2 115～3 750 kg/hm²,为油菜的 3.0 倍,花生的 2.2 倍。菊芋茎可用做纸浆,同时各部分可以生产沼气,块茎还能生产丙酮、丁醇及化工材料羟甲基糠醛等。另外菊芋茎叶可做饲料、造纸、制杀菌杀虫剂等。油葵是世界重要油料作物之一,是我国第四大油料作物。它耐寒、耐旱、耐盐碱、耐瘠薄、适应性强,已成为半干旱区和轻盐碱地区的高产稳产油料作物。其籽粒含油率高,一般达 50％～70％,且油品品质好。发展向日葵生产不仅可以获得经济价值高、用途广的油料,还可以拓宽多种经营方式,增加农民收入。我国油葵产业发展非常迅速,向日葵已成为仅次于大豆的重要油料作物。油葵作为优质的生物柴油原料植物,其转化为生物柴油的技术已经成熟。

9.1　菊芋深度开发研究的背景

菊芋,俗名洋姜、鬼子姜、地环、姜不辣,菊科,向日葵属,多年生草本宿根植物,是目前发现的基因组最大的被子植物(染色体数目 $2n=102$),以无性繁殖为主,繁殖力强,病虫害极少。它耐盐碱、耐寒耐旱,高产,新鲜茎叶 75～150 t/hm²,

菊芋不同器官图

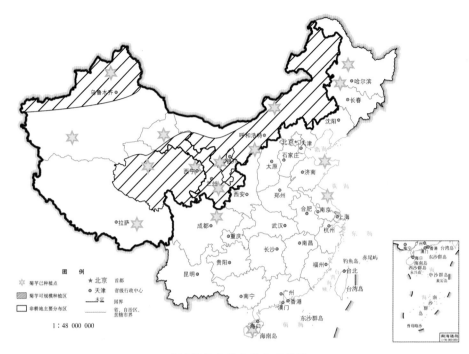

我国菊芋种植主要分布范围

鲜块茎 $45\sim90\ t/hm^2$，全株皆可开发利用且种植菊芋可促进非耕地地力提升，保持水土。

9.1.1 产品综合开发利用

研究从菊芋的花中提取绿原酸等药物活性物质，将叶开发成饲草、蛋白、绿

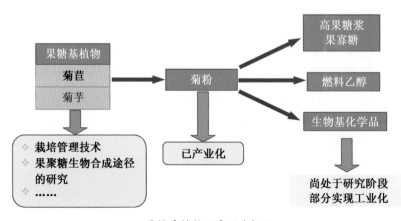

果糖基植物研究开发概况

原酸、抗氧化剂,其茎可作为饲草、膳食纤维、造纸、板材材料。

9.1.2　国外菊芋研发现状

俄罗斯在菊芋资源征集、育种、栽培及能源植物开发利用等方面研究较早,拥有 500 多份全世界菊芋资源,持有 313 份来自美洲和欧洲 24 个国家的菊芋种质,也包括部分杂交种,从生物学、农艺学及遗传学的角度进行了鉴定比较,近年来开展了用分子生物学方法鉴定种质资源的工作。美国、欧盟均建立了相当规模的资源库,为菊芋的研究开发奠定了坚实的基础,如美国收集了 107 份,德国收集了 102 份。

为了减少对石油等化石资源的依赖,各国都在积极发展生物能源。例如,巴西主要致力于以甘蔗为原料生产燃料乙醇(Long et al.,2016a),美国主要以转基因玉米和大豆为原料生产燃料乙醇和生物柴油,而欧洲则以油菜籽为原料发展生物柴油。然而,这些原料是粮食或食用油的来源,因此引发了全球性的争议。目前,为了解决"不与人类争粮油、不与粮油争土地"的问题,因地制宜,研究开发适合国情的能源作物成为许多国家的共识。目前为止,俄罗斯、法国等一些欧洲国家以及美国均建立了一定规模的菊芋种质资源库,但尚未形成规模化菊芋种植和生物炼制产业。

9.1.3　我国菊芋深度开发研究进展

我国菊芋产业起步于 1998 年,经过 10 多年的努力,菊芋产业已经取得了明显进展。2007年,南京农业大学、中国科学院大连化学物理研究所、大连理工大学、复旦大学等单位成立了我国首个"菊芋生物质炼制协作组",大大推进了我国以菊芋为原料的生物炼制产品的研究与开发。

目前,我国菊芋产业正有序高速发展。菊芋种质资源收集与品种培育、栽培已有一定的研究基础,南京农业大学、内蒙古农牧业科学院、青海大学等单位建立并完善了菊芋种植制度,成功培育了"南芋1号""科尔沁菊芋""蒙芋2号""青芋2号"等高产优质品种,为菊芋原料生产与供应奠定了坚实基础(Long et al., 2016b)。

2008年到现在开始大面积种植栽培菊芋新品种,面积累计300万亩左右,主要栽培品种为"南芋1号""科尔沁菊芋""蒙芋2号""青芋2号""吉芋1号""吉芋2号"以及内蒙古几个新品系如"蒙芋3号""蒙芋4号"等,总产量达1 000万吨左右,预计未来3～5年种植面积达500万亩以上。内蒙古、黑龙江、甘肃、宁夏、青海等省12家菊粉生产企业和3家腌制咸菜企业,年生产能力达5万吨左右,每年实现产值15亿元以上。

① 菊芋种质资源挖掘。我国南京农业大学收集了270份,兰州大学收集了300多份,内蒙古自治区农牧业科学院收集了300份,还有大连理工大学、复旦大学、青海省农科院等单位也收集了部分菊芋资源。

据不完全统计,我国现已选育并审定的菊芋品种有20余个,分别为"南芋1号""南芋9号""青芋1号""青芋2号""青芋3号""吉菊芋1号""吉菊芋2号""科尔沁菊芋""蒙芋2号"等。

② 建立了耐盐菊芋高产新品种选育的株型模型,创建了咸水胁迫组培与栽培交替筛选耐盐高效植物新品种的方法。

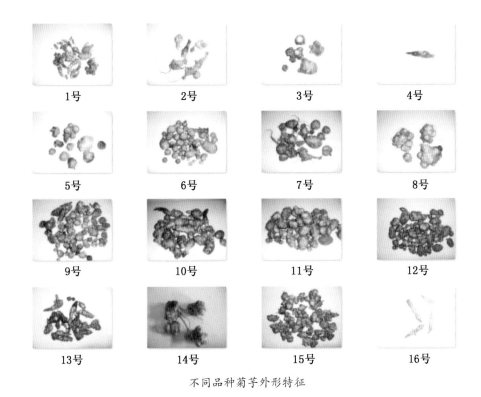

1号　　　　2号　　　　3号　　　　4号

5号　　　　6号　　　　7号　　　　8号

9号　　　　10号　　　　11号　　　　12号

13号　　　　14号　　　　15号　　　　16号

不同品种菊芋外形特征

9.2　海涂非耕地资源发展菊芋植物研究

9.2.1　海涂非耕地资源发展菊芋类能源植物的必要性

我国燃料乙醇的生产目前仍以粮食为原料,但我国仅以玉米为原料的生物炼制产品难以形成国际市场上的竞争优势,首先我国难以占用大量耕地种植玉米生产燃料酒精,同时玉米高产品种选育、高产种植技术及其综合利用的深加工技术等领域与美国等发达国家的差距太大,利用耕地种植玉米发展生物质产业不应成为我国生物能源发展的战略选择。生产生物柴油同样受到原料的制约。我国发展生物质能源产业的前提是不能与粮争地,不能与人争油,这就需要利用非耕地资源发展能源植物,仅环渤海地区、苏北沿海的海涂资源就超过 1.3333×10^6 hm²,占全国的 2/3,这是难得的能源植物资源发展空间。海涂发展能源植物就要求筛选耐盐耐海水、生物产量大、能量密度高、适于粗放种植的植物品种。

9.2.2　海涂非耕地资源发展菊芋类能源植物研究

菊芋在盐碱土中的生长状况

菊芋是一种耐盐碱作物(Shao et al.，2016；Yang et al.，2016)。1998 年以来，研究人员分别在山东莱州、江苏大丰海涂进行耐盐耐海水能源植物的引种与筛选研究，取得了令人鼓舞的进展：从全国各地数十个菊芋品种中筛选、培育了高耐海水、生物产量高、能量密度大、综合利用前景广阔的南芋 1 号、南芋 2 号菊芋品系，并在山东莱州、江苏大丰滨海盐土进行种植试验(Li et al.，2016；Shao et al.，2019)。2002 年用不同比例的海淡水混合灌溉，菊芋生长需水期灌 2 次水，每次灌溉定额 100 t/667 m²，10％海淡水灌溉菊芋块茎单产达 69 045 kg/hm²，50％海淡水灌溉为 47 235 kg/hm²，即便用 75％海淡水灌溉菊芋块茎单产也达到 35 175 kg/hm²。下表为 2000—2004 年山东大田不同比例海淡水灌溉下菊芋块茎产量，从下表中看出，用 25％～50％的海水灌溉，菊芋块茎产量在 89 776.7～67 235.0 kg/hm² 之间，折算糖产量为 16 160～12 102 kg/hm²，比耕地种植木薯产糖量高出 1 倍。同时在菊芋整个生长期间，除进行一次中耕覆垄外，基本没有进行其他的田间管理投入。经与其他糖基类能源植物比较，南芋 1 号、2 号菊芋是适合海涂种植的为数不多的首选能源植物。

大田海淡水灌溉菊芋块茎鲜重产量(kg/hm^2)

处理	2000 年	2002 年	2003 年	2004 年
淡水	87 033.0[a]	73 315.0[a]	63 000.0[a]	79 200.0[a]
10%海水	91 455.0[a]	74 943.5[a]	/	72 100.0[a]
15%海水	87 766.7[a]	/	/	/
25%海水	89 766.7[a]	/	67 500.0[a]	70 600.0[a]
30%海水	/	75 626.5[a]	/	/
50%海水	/	67 235.0[b]	62 500.0[a]	62 500.0[a]
75%海水	/	45.175.0[c]	48 000.0[c]	54 200.0[b]
100%海水	/	11 758.0[d]	/	/
雨养种植	35 370.0[b]	46 810.0[c]	/	47 700.0[b]
降雨/mm	233.8	315.4	490.3	487.7

第 10 章
海滨锦葵与盐土改良

　　应用耐盐植物修复并开发盐土资源和发展盐土农业领域是一条重要的技术路线,有着重要的战略意义。盐生植物尤其是聚盐植物作为生物泵可带走土壤中的盐分(Shabala,2014;董轲等,2015),土壤中一部分盐分被植物吸收后,通过收割带走和去除盐分,不同植物带走盐分量不同。土壤蒸发量大于降水量是盐土形成的原因之一,种植耐盐植物可减少土壤蒸发,阻止耕层盐分积累。在盐土上种植耐盐植物,将裸露的土壤覆盖起来,以植物蒸腾代替土壤蒸发,减少了土壤蒸发量,降低土壤积盐速度,减少盐分在耕层的累积。种植耐盐植物后,由于植物根系的穿插作用,土壤容重、总孔隙度、通透性、总团聚体等物理性质得到改善。由于植物根系有机物质的分泌、植物残体的积累分解,可使土壤有机质增加,促进土壤微生物的生长和繁殖,改善土壤养分状况和化学性状,提高土壤肥力。而海滨锦葵能耐受 10‰以上的盐渍胁迫,并且具有抗旱、抗涝、抗虫等多重抗性(范舒月,2015),因此,海滨锦葵可作为海滨盐土美化绿化、盐土改良的先锋植物,并作为生产生物柴油和乙醇的耐盐原料(Moser et al.,2013;阮成江、钦佩、韩睿明,2005)。

10.1　海滨锦葵简介

　　锦葵科海滨锦葵属多年生宿根盐生植物(周桂生等,2009;高静、林莺、范海,2009;李玲,2015)。海滨锦葵天然分布于美国东部沿海从特拉华州至得克萨斯州的海滨盐沼(Alexander,Hayek and Weeks,2012)。南京大学盐生植物实验室钦佩教授于 1993 年将其引入我国,经过 20 年的实验室和野外生理生态试验,证明该物种没有对本地生态系统构成入侵威胁,它的引种是安全的。农业部于2011 年立项批准对海滨锦葵属种质资源进行系统引进(948 - 2011 - Z30)。

海滨锦葵的叶、花与蒴果

该物种的植株通常高度为 1～1.5 m，多分枝，叶互生，具盾形、心形和戟状等变形叶，通常长 6～15 cm，具齿，浅裂。花为 5 个单瓣，多为粉红色，花冠 4.5～7.5 cm，每株平均开花 100 多朵，花期长达 2 个多月（盛花期为 7～8 月），聚合雄蕊管包裹花柱，花药着生在雄蕊管上，柱头 5 裂，具有弯曲功能，以适应自交，蒴果被毛，成熟时纵裂为 5 个分开的裂片，含 5 粒种子(阮成江、金华，2007)。海滨锦葵染色体数目为 $2n=34$，光合作用途径系 C_3 途径。

　　海滨锦葵地下部分生长发育为肉质块根，形体类似胡萝卜或萝卜，根皮呈黄色，内含丰富的白色黏液。

　　海滨锦葵根粉富含三大类活性成分：多糖、皂苷和黄酮。其中多糖含量很高，原根中含量为 38.75～40.66 mg·g^{-1}，而精制根粉中含量高达 690 mg·g^{-1}；皂苷含量次之，原根中含量为 6.91～7.54 mg·g^{-1}，在精制根粉中高达 69.4 mg·g^{-1}；黄酮含量在原根中为 2.57～3.50 mg·g^{-1}，在精制根粉中高达 11.9 mg·g^{-1}。

海滨锦葵硕大的块根

10.2　海滨锦葵与盐土改良的研究进展

　　研究发现几种耐盐植物种植后，海滨锦葵土壤的改良效果是最明显的，其导电率最低、交换量最大，有机质、全氮、全磷含量最高，说明海滨锦葵是一种适合在盐土中生长的先锋耐盐植物（闫道良等，2013），由于其具有较强的渗透调节能力，较强的活性氧消除能力使其能忍受一定浓度的盐胁迫，在生长过程中消耗掉部分土壤盐分，通过植株覆盖，降低土壤蒸发作用，使土壤的盐分含量显著下降，土壤质地改善，促进根系微生物活跃（Han et al.，2012）。

海滨重盐土的一大重要特征就是土壤理化性质差，土壤肥力低，因而本土植物很难在其上生存。海滨重盐土上应先种植耐盐的盐生植物，待土壤含盐量下降，土质有所改善后，再种植本土植物。海滨锦葵耐盐、抗旱、抗涝（党瑞红等，2007；党瑞红、周俊山、范海，2008），与 AM 真菌良好的共生可以促进球囊霉素的分泌。生长着大片红树林的澳大利亚东部海岸土壤总球囊霉素含量在 0.46～1.38 mg·kg^{-1} 之间，而金海农场在种植海滨锦葵六年后，总球囊霉素含量最高可达 2.43 mg·kg^{-1}。

在海滨锦葵-菌根菌-土壤复合系统中，土壤因子虽说是影响植物生长以及 AM 真菌分布的重要因素，但强势的盐生植物海滨锦葵作为盐土的第一性生产力和随之而上的 AM 菌对盐土和植物根际的活化作用使得三者相互影响、良性互动、协同发展。研究发现海滨锦葵种植后，恶劣的土壤理化性质与较差土壤结构有所改善。并且总球囊霉素、AM 菌侵染率以及孢子密度与土壤 pH 均呈显著负相关，说明土壤碱性越高，对 AM 真菌产孢及菌根形成的抑制越强，进而抑制球囊霉素的分泌。AM 真菌侵染率与速效磷呈显著正相关，表明 AM 真菌与海滨锦葵共生后对根的侵染会影响海滨锦葵根系的代谢活动，促使丛枝菌根或根外菌丝分泌磷酸酶，加速有机磷矿化过程，海滨盐土低磷的刺激亦能诱导并促使磷酸酶活性增加，磷酸酶活性的提高进而改变土壤磷素状况，增强海滨锦葵对磷的吸收。土壤有机碳含量与对照区相比有显著增加，这是因为土壤中的微生物得到了良好的扩繁平台，AM 菌的侵染与繁殖增强，进而促进了球囊霉素的分泌（在金海农场，总球囊霉素最高可占土壤有机碳的 53.29%），而且，产生的相对稳定的球囊霉素会长期存在于土壤当中，成为土壤碳库的重要组成部分。土壤中有机碳的增加反过来会促进海滨锦葵的生长，促进其新陈代谢，且有利于 AM 菌的繁殖，促进菌根共生体的形成。作者研究发现 AM 真菌侵染率、孢子密度以及总球囊霉素与土壤全氮均呈显著负相关。菌根植物体内积累的氮素高于非菌根植物积累的氮素。但随着 AM 菌侵染率等的提高，海滨锦葵的菌根日趋发达，以致其根部的吸收功能大大增强，密集的海滨锦葵对土壤氮的大量吸收可能导致盐土中的氮素在一段时间内的供不应求。其次,随着土壤理化性状的改善和土壤肥力的增加,整个土壤微生物群落更加活跃,氨化作用和硝化作用显著增强,加速了有机氮的矿化过程,大大提高了氮素的利用效率,也有部分矿化的无机氮逸出土壤氮库,进入大气中。总球囊霉素是土壤氮库的重要组成部分,但在短时间内,不稳定的球囊霉素易分解,其产物被海滨锦葵和土壤微生物吸收利用,或还原进入大气。因此,上述原因导致了六年生的海滨锦葵种植系统中总氮含量的相对减少。综上所述,在条件恶劣的海滨重盐土上,海滨锦葵的种植使得整个海滨生态系统的理化性状得到改善,海滨锦葵-菌根-土壤系统日趋完善,并形成良性循环。

　　海滨锦葵在苏北盐土上的种植对生态系统的植物多样性是有益的。以南通小洋口盐滩(海滨锦葵一年生种植区)、连云港青口盐场(海滨锦葵二年生种植区)和盐城金海农场(海滨锦葵五年生种植区)为研究对象,采用典型样方法对这三地海滨锦葵种植区和非种植区(对照)进行实地调查和研究,结果表明在海滨锦葵种植模式下,本土植物可以与海滨锦葵良好共生,有利于提高江苏省海滨盐土的植物多样性。

海滨锦葵种子大小

10.3　海滨锦葵对海滨盐土生态系统的影响

10.3.1　样地概况和取样设置

选取江苏省连云港市青口盐场（QS）和盐城市金海农场（JF）为实验样地，两地海滨锦葵种植年限分别为 2a 和 6a。两地土壤基本理化性质如下表，土壤均呈碱性，含盐量较高，土壤肥力低，青口盐场土壤为重黏土，金海农场土壤为沙壤土。

2012 年 8 月，从所选样地海滨锦葵种植区与对照区随机采取土样。种植区与对照区各选三个点，每个点分别采集 0～10 cm、10～20 cm、20～30 cm 土层根围土壤样品（采

苏北青口盐场和金海农场示意图

集前，去除表层枯枝败叶等杂质，约 5 mm）。此后每三个月从两地采集一次土样（分别为 2012 年 11 月、2013 年 2 月和 2013 年 5 月，共四次）。采集的土样装入无菌自封塑料袋中，统一编号。样品带回实验室后，一部分土样立即过 4 mm 筛，并装入新的无菌自封袋后放入 4 ℃冰箱中保存。另一部分土样在室温下风干，做土壤理化性状检测与水稳性团聚体组成检测。

研究区土壤基本理化性状

	青口盐场	金海农场
pH	8.22	8.43
电导率(ds・m⁻¹)	4.13	3.21
含盐量(‰)	15	10

（续表）

	青口盐场	金海农场
土壤有机碳(‰)	4.52	4.97
土壤全氮(g·kg^{-1})	0.16	0.49
土壤全磷(g·kg^{-1})	0.45	0.80
土壤全钾(g·kg^{-1})	30.22	18.21
碱解氮(mg·kg^{-1})	10.72	39.42
速效磷(mg·kg^{-1})	5.52	2.19
速效钾(mg·kg^{-1})	552.07	212.50
砂土(%)	15.50	65.50
壤土(%)	22.50	13.50
黏土(%)	61.50	20.50

10.3.2　海葵种植对盐碱土的微生物组成的影响

1. 总球囊霉素的时空分布

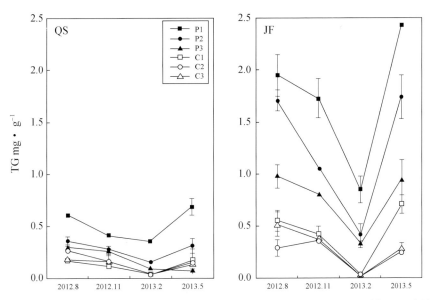

P1:种植区 0～10 cm 土层;P2:种植区 10～20 cm 土层;P3:20～30 cm 土层;C1:对照区 0～10 cm 土层;C2:对照区 10～20 cm;C3:对照区 20～30 cm 土层

两地种植区与对照区总球囊霉素时空分布

如图所示,随着土层深度的增加,青口盐场海滨锦葵种植区总球囊霉素含量逐渐降低,各个土层(0~10 cm、10~20 cm 与 20~30 cm)含量分别为 0.36~0.69 mg·g^{-1},0.16~0.36 mg·g^{-1}与 0.08~0.30 mg·g^{-1},并且高于对照区,但不显著($p>0.05$)。金海农场海滨锦葵种植区总球囊霉素含量相对较高,各个土层含量分别为 0.85~2.43 mg·g^{-1},0.42~1.74 mg·g^{-1}与 0.32~0.98 mg·g^{-1},显著高于对照区($p<0.05$)。两地总球囊霉素含量均从 2012 年 8 月开始下降,2013 年 2 月开始上升。

2. AM 真菌侵染率与 AM 真菌孢子密度

由于两地对照区基本无植被,所以我们测定两地种植区 AM 真菌侵染率与 AM 真菌孢子密度。在青口盐场种植区,孢子密度最大值与最小值为 158±5.29 与 121±11,分别出现在 2012 年 8 月 10~20 cm 土层与 2013 年 2 月 20~30 cm 土层。AM 真菌侵染率最大值与最小值为 48.89%±1.92% 与 27.28%±1.92%,分别出现在 2012 年 8 月 0~10 cm 土层与 2013 年 2 月 20~30 cm 土层。在金海农场种植区,孢子密度与 AM 真菌侵染率最大值均出现在 2012 年 8 月

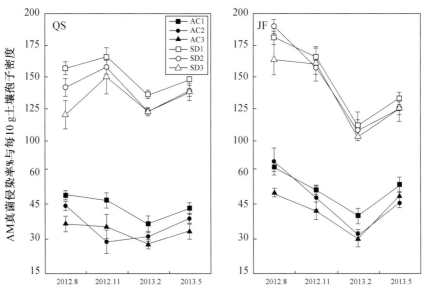

AC1:种植区 0~10 cm AM 真菌侵染率;AC2:种植区 10~20 cm AM 真菌侵染率;
AC3:种植区 20~30 cm AM 真菌侵染率;SD1:种植区 0~10 cm AM 真菌孢子密度;
SD2:种植区 10~20 cm AM 真菌孢子密度;SD3:种植区 20~30 cm AM 真菌孢子密度

两地 AM 真菌侵染率与孢子密度时空变化

10~20 cm 土层,分别为 190±5.29 与 63.33%±5.77%,最小值均出现在 2013
年 2 月 20~30 cm 土层,分别为 103.33±7.37 与 30%±3.33%。

10.3.3　锦葵种植对土壤团聚体时空分布的影响

青口盐场种植区与对照区土壤水稳性团聚体主要集中在 >5 mm(10%~
40%),1~0.25 mm(10%~50%)和<0.25 mm(15%~75%),而 5~3 mm,3~
2 mm 和 2~1 mm 粒径的土壤水稳性团聚体含量很低。由于海滨锦葵在青口盐
场仅种植两年,所以不同时期测得的土壤水稳性团聚体组成差异较大。2012 年
8 月,种植区各土层各粒径团聚体含量与对照区差异不显著($p>0.05$)。2012
年 11 月,种植区各个土层 5~3 mm、3~2 mm 与 2~1 mm 土壤团聚体含量均显
著高于对照区($p<0.05$)。2013 年 2 月,种植区各土层<0.25 mm 土壤团聚体
含量显著低于对照区($p<0.05$),其他粒径土壤团聚体均显著高于对照区($p<
0.05$)。2013 年 5 月,种植区各个土层 5~3 mm、3~2 mm、2~1 mm 和 1~
0.25 mm 土壤团聚体含量均显著高于对照区($p<0.05$)。

与青口盐场相比,金海农场 4 个时期测得的土壤水稳性团聚体组成情况基
本一致,说明海滨锦葵种植 6 年后,土壤团粒组成更加稳定。如图所示,种植区
各时期各土层土壤水稳性团聚体含量主要集中在 >5 mm(10%~60%)

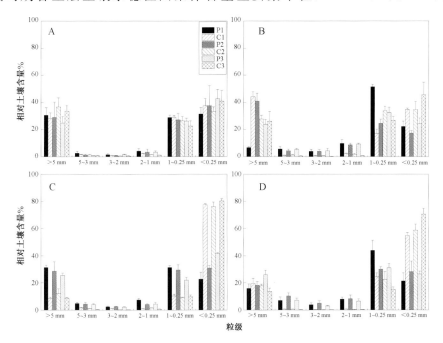

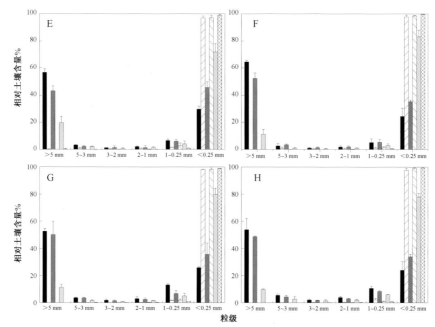

A—D:青口盐场 0~10 cm、10~20 cm、20~30 cm 土层;E—H:金海农场 0~10 cm、
10~20 cm、20~30 cm 土层

两地土壤水稳性团聚体时空分布

和<0.25 mm(20%~80%),其他粒径土壤水稳性团聚体含量较少,并且大团聚体与小团聚体含量均显著高于对照区(p<0.05),微团聚体含量均显著低于对照区(p<0.05)。

10.3.4　土壤基本理化性状

为了更加全面地掌握两地土壤理化性状,我们选取了 10 个理化指标,结果见下图。由于指标较多,我们将每次测量的 10 个指标结果进行了数据处理(处理后各个指标数值均在 0~10 内)并做成雷达图,更加直观地展现土壤理化性状的动态变化。

2012 年 8 月至 2013 年 5 月,青口盐场种植区土壤 pH 均显著高于对照区(p<0.05),电导率(EC)均显著低于对照区(p<0.05)。种植区电导率在 0.20 ds·m⁻¹~1.50 ds·m⁻¹之间,而对照区则高达 2.93 ds·m⁻¹~6.27 ds·m⁻¹。随着土层深度的增加,种植区电导率逐渐升高,说明含盐量逐渐增加。各时期各

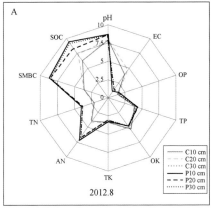

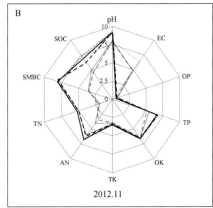

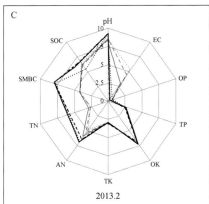

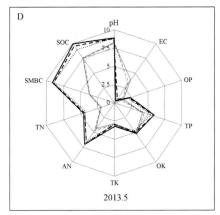

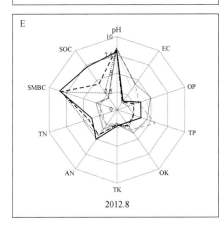

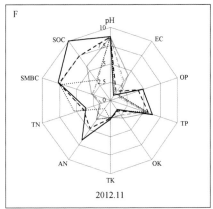

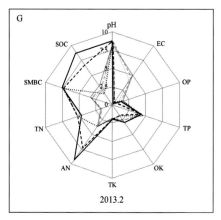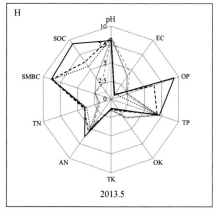

A—D:青口盐场;E—H:金海农场
两地土壤理化性状时空变化

土层速效磷(OP)、碱解氮(AN)、全氮(TN)以及微生物碳(SMBC)含量均显著高于对照区($p<0.05$)。除了 2013 年 2 月的测定结果,种植区有机碳(SOC)含量均显著高于对照区($p<0.05$)。

金海农场种植区各土层 pH 与对照区无显著差异($p>0.05$)。种植区各时期各土层电导率和速效钾(OK)均显著低于对照区($p<0.05$),全氮、微生物碳和有机碳含量均显著高于对照区($p<0.05$)。

10.3.5 种植锦葵后土壤水稳性团聚体、土壤因子、AM 真菌以及总球囊霉素间的相关性分析

由于青口盐场海滨锦葵种植年限较短,土壤还不成熟且理化性状波动较大,所以我们仅对金海农场的理化指标进行相关性分析。研究表明,总球囊霉素含量与大团聚体、有机碳、全磷、速效磷、微生物碳、孢子密度以及 AM 菌侵染率呈显著正相关($p<0.05$),与小团聚体、电导率、全氮、pH 呈显著负相关($p<0.05$)。AM 真菌侵染率与 pH、电导率、全氮以及速效钾呈显著负相关($p<0.05$),与速效磷、微生物碳、总球囊霉素以及 AM 真菌孢子密度呈显著正相关($p<0.05$)。土壤微生物碳含量与小团聚体、有机碳、总球囊霉素、全磷以及速效磷呈显著正相关($p<0.05$),与全钾、pH 以及全氮呈显著负相关($p<0.05$)。

1. 种植锦葵后不同时间、土层与土壤质地总球囊霉素的分布

球囊霉素在土壤有机碳的积累和土壤改良的过程中有着突出的贡献。先前的研究表明,球囊霉素在土壤中的周转时间较长(可达 6～42 年),但是短期内,

总球囊霉素的含量并不是一成不变的,而是在一定范围内上下波动。Lutgen 与贺学礼等众多学者的研究表明,总球囊霉素含量在 5 月份达到最高值。本实验研究结果显示,在海滨锦葵种植区,海滨盐土中的球囊霉素含量也是在 5 月达到最高,2 月最低。春季,海滨锦葵块根萌发出新的枝干,产生大量的须根,有利于 AM 真菌的侵染,球囊霉素分泌加剧。入冬后,植物地上部分逐渐枯萎,AM 真菌定殖率下降,球囊霉素的分泌减少。由此可以看出,AM 真菌与植物本身一样受到气候条件的影响,表现出明显的时间异质性,从而影响总球囊霉素的含量。另外,球囊霉素的最短周转时间为 6 年,2013 年正好是海滨锦葵在金海农场种植的第 7 个年头,所以 2012 年 11 月到 2013 年 2 月期间,在总球囊霉素中不稳定的部分已经分解,总球囊霉素含量快速下降。可认为 2013 年 2 月份测得的是相对稳态的球囊霉素的含量。青口盐场海滨锦葵种植时间较短,总球囊霉素还处在积累阶段,虽然在 2 月也有所下降,但下降幅度小于金海农场。

在海滨锦葵种植区,总球囊霉素含量随着土层的加深而减少。在青口盐场,10～20 cm 土层总球囊霉素含量比 0～10 cm 土层平均减少 45.58%,20～30 cm 土层总球囊霉素含量比 10～20 cm 土层平均减少 35.44%,比 0～10 cm 土层减少 62.5%。在金海农场,10～20 cm 土层总球囊霉素含量比 0～10 cm 土层平均减少 32.65%,20～30 cm 土层总球囊霉素含量比 10～20 cm 土层平均减少 33.98%,比 0～10 cm 土层减少 56.75%。这也许与海滨锦葵的根长有关,海滨锦葵的主根分布达 20 cm 土层,同时,球囊霉素由宿主植物根内的 AM 真菌菌丝产生,并且在 0～20 cm 土层,土壤肥力较高,微生物活性强,有利于微生物扩大繁殖以及球囊霉素的积累。所以,海滨锦葵种植六年后,总球囊霉素主要集中在 0～20 cm 土层,与之相比,20～30 cm 土层总球囊霉素比 0～10 cm 土层衰减 50% 以上。由于海滨锦葵为多年生植物,块根常年埋在地下,所以随着种植时间的延长,块根会进一步发育长大,根长可能会突破 20 cm。因此,20 cm 以下土层球囊霉素含量将进一步增加,衰减率逐渐降低。

总球囊霉素的含量除了受到时间与土层的影响外,还受到土壤质地和不同类型生态系统的影响。近年来,科学家测定了各种类型生态系统总球囊霉素的含量:农田生态系统 1～21 mg·g^{-1},自然草地生态系统 4.5～5 mg·g^{-1},沙漠生态系统 0.4～2.0 mg·g^{-1},红树林生态系统 0.46～1.38 mg·g^{-1}。随着土质的下降,总球囊霉素含量有下降趋势。本实验结果显示,金海农场总球囊霉素含量低于草地生态系统总球囊霉素含量,但高于红树林生态系统总球囊霉素含量。

考虑到在种植海滨锦葵前，金海农场土壤含盐量高，土质差，土壤肥力低，而6年后总球囊霉素含量高于红树林生态系统总球囊霉素含量，由此可见海滨锦葵可以与AM真菌良好地共生从而修复海滨盐土。青口盐场的土壤为重黏土，不同于金海农场的沙壤土，其总球囊霉素含量明显低于金海农场，但由于两地土壤背景以及种植年限的差异，并不能推断出沙壤土中总球囊霉素一定高于重黏土总球囊霉素。

2. 海滨盐土中 AM 真菌、总球囊霉素与土壤团聚体

土壤结构是在矿物颗粒和有机物等土壤成分参与下，在干湿冻融交替等自然过程作用下形成的不同尺度大小的多孔单元，具有多级层次性。我们所选取的两个实验样地土壤结构不同。青口盐场的重黏土土壤容重大，含盐量高、养分低，干旱时土壤易板结，雨季时土壤易涝，透气性差，不适合植物生长。在种植海滨锦葵两年后，种植区与对照区土壤团聚体均主要集中在>5 mm、1～0.25 mm以及<0.25 mm，较低的球囊霉素含量并没有使土壤团聚体组成明显改善。由此可见，较短的种植年限还不足以改善重黏土的土壤质量。

土壤结构的形成是土壤生态系统中物理、化学和生物诸因素综合作用的结果。金海农场的沙壤土，砂土含量高达 65.5%，与青口盐场土质差异较大。在海滨锦葵种植六年后，种植区土壤团聚体与对照区的相比已经有了明显的不同，土壤结构得到优化，从生物因素的角度可能有以下几个原因：① 海滨锦葵种植六年后，植物根系日趋发达，丰富的须根将土壤微粒缠绕起来，形成较大团聚体。② 微生物是生物因素中最活跃与最重要的因素之一。AM真菌在自然界中分布极其广泛，对农业和生态意义重大。在自然界中，近85%的植物种类和几乎所有的农作物能够与其形成丛枝菌根，AM真菌自身可以改变植物根系形态，最终影响根系对土壤的穿透和缠绕作用，根外菌丝能通过物理缠结作用、菌丝交结作用以及改变土壤干湿循环作用，促进土壤团聚体的形成。③ AM真菌菌丝体所产生的球囊霉素具有"超级胶水"的特性，相关研究表明其黏性比其他土壤碳水化合物强 3～10 倍，且由于球囊霉素的稳定性，6 年来积累的含量显著高于青口盐场。在土壤团粒表面，球囊霉素形成一层格状外衣，被包裹的团粒通过表面网格状的球囊霉素与外界环境进行气体交换。稳定的土壤团粒能抵抗风和水的侵蚀，同时团聚体多孔结构具有良好的通透性，有利于空气、水分和植物的根系穿过。一旦球囊霉素消失，土壤水分迅速进入团聚体的核心，导致其内部气体分子受到挤压，当压力达到极限时团聚体破裂。因此，球囊霉素在土壤颗粒黏附成大聚合体的过程中发挥着重要的作用。

10.4　海滨锦葵接种外源真菌对海滨盐土的改良效果研究

过量的盐分在土壤溶液中会引起土壤结构和性质的恶化,并导致作物产量显著降低。在半干旱环境中,改善土壤结构稳定性是防止盐碱土退化非常重要的措施之一。丛枝菌根真菌(*Arbuscular mycorrhizal fungi*)和植物之间的共生关系有助于包括盐沼在内的土壤团聚体的稳定性。AM 真菌主要通过菌丝缠绕和有机物质的沉积来帮助提高土壤大团聚体(>250 mm)稳定性。此外,一些解磷微生物(phosphate-solubilizing microorganisms)可以通过溶解土壤中的难溶性磷酸盐来提高土壤可溶性磷含量,由此释放出的可溶性磷可被 AM 真菌的菌丝吸收并转运到植物体内。AM 真菌和解磷微生物联合接种能提高无盐胁迫下和盐胁迫下植物生物量和土壤微生物的活动,以及其他土壤理化性质。因此,我们利用 AM 真菌与解磷真菌联合接种于海滨锦葵根部,考察海滨锦葵与外源真菌对海滨盐土的复合改良效果。

1. 滨海盐土生物性质对海滨锦葵与微生物接种的响应

土壤质量不仅取决于物理或化学性能,还与其生物多样性以及那些与氮、磷代谢有关的土壤微生物群落活动有关。有证据表明,多样化和活跃的土壤微生物群落是土壤质量的根本。AM 真菌被称为土壤微生物的重要组成部分,可以潜在地提高土壤的物理、化学和生物质量。我们的研究表明,非接种土壤的海滨锦葵根部被土著 AM 真菌侵染,接种处理可以显著提高 AM 真菌侵染率。结果证实,解磷真菌在缺磷土壤中可与 AM 真菌良好互作,可能是因为解磷真菌可以促进根系增加盐渍土土壤水溶性磷素的产生。

接种 AM 真菌和盐沼鳞质霉菌也显著提高土壤中 AM 定植率和解磷菌群落。这可能是因为菌根植物在根际土壤释放含碳物质用作解磷菌的碳源。AM 真菌和盐沼鳞质霉菌的联合接种大幅提高土壤微生物生物量碳,AMF 可以改变根际土壤微生物群落和根系分泌物的数量与质量。这些结果表明,引入的外源微生物有益于滨海盐土土著微生物的生长。

不同接种处理下土壤微生物和海滨锦葵指标

处理	AM侵染率（%）	AM真菌孢子数（每10g土壤）	盐沼鳞质霉菌菌落（CFU×10^4 g^{-1}干土）	茎粗（cm）	主根粗（cm）	地上部干重	根部干重	根冠比
AMF	88.33b	269.00a	0a	0.75a	1.27a	1.19b	2.94ab	2.47a
AS	78.33b	140.67a	1.31±0.21b	0.58a	1.30a	0.46a	1.70b	3.70b
AMF+AS	88.33b	192.33a	2.66±0.15c	0.88b	1.65b	2.0c	4.27c	2.14a
CK	51.10a	437.67b	0a	0.72a	1.20a	1.12b	2.99b	2.67a

同一列相同字母表示没有显著差异（$p<0.05$）

2. 滨海盐土物理和化学性质对海滨锦葵与外源微生物接种的响应

下表试验数据显示，与对照组相比，海滨锦葵接种 AM 真菌和盐沼鳞质霉菌可以显著加强土壤中速效磷、碱解氮、速效钾和有机质含量，相似结果已在非盐土接种菌剂中观察到。解磷真菌作为生物菌剂的使用在维持土壤的养分状况方面起到了至关重要的作用。Azcón 和 Barea 认为解磷菌释放有机酸、螯合物质、腐殖酸和无机酸等是溶解磷酸盐的重要机制。在目前研究中，海滨锦葵根际土壤的可溶性磷含量的增加可以归因于盐沼鳞质霉菌的接种。盐沼鳞质霉菌群落数量和速效磷及速效钾之间的正相关关系显然印证了上述猜测。这种现象也可通过用微生物接种促进碱性磷酸酶活性来证明，因为磷酸酶介导无机磷从有机结合状态释放到土壤中。AM 真菌产生的有机酸可以溶解难溶性磷。我们以前的研究发现，土壤接种 AM 真菌显著提高速效磷浓度。沿海湿地缺磷限制了氮转化菌或固氮菌群落，微生物生长中遭遇的磷缺乏会影响氮的转化和可用性。在当前的研究中，修复土壤中水解氮的增加可能是因为土著氮转化菌或固氮菌吸收利用了解磷菌释放出的磷后增殖造成的。通过微生物接种促进脲酶活性也可以进一步解释水解氮含量的增加，因为尿素酶可以催化尿素水解为氨或铵离子。

土壤有机质决定或影响了包括养分储存和保水能力等土壤质量的许多方面。在该研究中，微生物菌剂增加了海滨锦葵植物根际土壤有机质含量，可能是因为 AMF 产生了影响土壤有机质的关键物质——土壤球囊霉素相关土壤蛋白，同时，盐分可刺激 AM 真菌分泌土壤球囊霉素相关土壤蛋白。土壤球囊霉素相关土壤蛋白可稳定土壤团聚体，通过保护土壤团粒内不稳定化合物以显著减少有机质降解。该研究中联合接种 AM 真菌与盐沼鳞质霉菌显著增强球囊霉素相关土壤蛋白含量,且球囊霉素含量与 AMF 孢子密度呈正相关确认了上述推测。

不同接种处理下土壤理化指标

处理	微生物生物量碳 (mg·kg^{-1})	速效磷 (mg·kg^{-1})	水解氮 (mg·kg^{-1})	速效钾 (mg·kg^{-1})	EC	pH	有机质 (g·kg^{-1})	GRSP (mg·g^{-1})
AMF	0.009 8a	4.62b	29.05b	237.01b	0.39b	8.98a	2.79b	18.93ab
AS	0.008 1a	4.56b	30.81b	239.28b	0.30a	8.34a	2.69b	18.26a
AMF+AS	0.025b	4.02b	34.88b	239.07b	0.29a	8.65a	2.32b	21.59b
CK	0.015a	3.62b	25.54a	214.36a	0.29a	8.85a	1.94a	17.08a

注:同一列相同字母表示没有显著差异($p<0.05$);GRSP:土壤球囊霉素相关土壤蛋白

3. 海滨锦葵与外源微生物对海滨盐土团聚体的效应

钠作为高度分散剂直接导致土壤团聚体的解体,从而间接降低作物产量。已有研究证明了土壤团聚体和 EC 值之间的负相关关系。然而,该研究中 EC 值与>5 mm 团聚体含量呈负相关,这可能与实验误差有关。在该研究中,>5 mm 团聚体含量和 AM 定植率与盐沼鳞质霉菌数量之间正相关,3~2 mm 和 1 mm 团聚体含量与 AM 真菌孢子密度正相关。这应该是 AM 真菌产生的球囊霉素相关土壤蛋白促进土壤团聚体形成的结果。该研究中 AM 真菌和盐沼鳞质霉菌联合接种显著提高了球囊霉素相关土壤蛋白和有机质含量的结果进一步证明了该推测。

不同接种处理下土壤团聚体含量

处理	土壤团聚体含量(%)					
	>5 mm	5~3 mm	3~2 mm	2~1 mm	1~0.25 mm	<0.25 mm
AMF	53.98c	6.17ab	1.90a	3.02a	13.10a	21.82a
AS	47.66c	6.62ab	2.08a	2.90a	16.31a	24.42ab
AMF+AS	36.88b	4.88a	1.81a	2.65a	16.76a	37.03b
CK	28.78a	7.65b	2.88b	3.38a	21.25a	36.06b

同一列相同字母表示没有显著差异($p<0.05$)

AM 真菌通过利用植物的光合碳产物影响了包括植物生长促生菌的土壤微生物群落。该研究中联合接种 AM 真菌和盐沼鳞质霉菌大幅增加土壤微生物生物量碳含量进一步证实了该机制。同时，土壤微生物生物量碳含量与<0.25 mm 团聚体含量呈正相关。它可能是由于 AM 真菌主要影响了大团聚的形成，而根际细菌以更直接的方式影响土壤微团聚的形成和稳定。与此相反，AM 真菌侵染率与5～3 mm 土壤团聚体和3～2 mm 土壤团聚体含量呈负相关。这可能是由于 AM 真菌和盐沼鳞质霉菌接种导致的与5～3 mm 和3～2 mm 土壤团聚体含量负相关的速效钾含量升高造成的。

4. 海滨锦葵接种微生物扩大滨海盐土碳库

以植物为主的滨海土壤生态系统在吸收全球大气中二氧化碳中起到关键作用。土壤生态系统将碳固定在包括地上和地下部分的活体生物量和非活体生物量（例如枯枝落叶）之内。在目前的研究中，微生物接种提高植物生物量可能有益于海滨土壤生态系统螯合大量碳。菌根植物根系为 AMF 提供光合产物，而 AM 真菌又通过真菌菌丝运送到根际土壤中。此外，在热带土壤中球囊霉素相关土壤蛋白中的碳约为 37%，从而占到土壤碳库的 3%。在该研究中，AMF 侵染率的增加提高了球囊霉素相关土壤蛋白含量，这可以扩大滨海盐土碳库体量。球囊霉素相关土壤蛋白可以保护土壤团聚体中不稳定的化合物进而减少有机质降解，从而提高土壤生态系统固碳功能。该研究中接种处理提高了土壤有机质含量的结果证实了上述假设。此外，引入的外源微生物刺激土著微生物的生长，并与土著微生物协作有利于有机物的腐殖化。通常包括土壤微生物量的有机质活体部分占土壤有机质约 1%～5%。因此，包括 AM 真菌、解磷菌、细菌和放线菌的土壤微生物种群的增加也将起到扩大碳库的作用。

第 11 章
中卫硒砂瓜、枸杞与碱土区特色作物实践

　　宁夏中卫市地处宁夏回族自治区中部干旱带,该地区干旱少雨,风大沙多,丘陵纵横,砂石遍地,属典型的温带大陆性季风气候。因受沙漠影响,日照充足,昼夜温差大,平均气温在 7.3～9.5 ℃之间,年平均相对湿度 57%,无霜期 158～169 天,年均降水量 180～367 mm,蒸发量大于 1 800 mm,有着春暖迟、夏热短、秋凉早、寒冬长的季节特点。近年来由于地下水位上升导致土地盐碱化加剧,土壤龟裂(张体彬等,2012),土壤盐碱化是中卫农业经济发展的一个重要限制因素(樊丽琴等,2012)。

宁夏中卫市碱土产业风貌图

　　恶劣的自然环境下,宁夏中卫在 pH 在 8.0 以上的土壤条件下采用压砂种

植技术,在这片贫瘠的土地上创造出一片绿洲,打造出了具有影响力的特色产业——中卫硒砂瓜和宁夏枸杞。富含硒等人体必需微量元素且具有抗癌功能的硒砂瓜,被誉为"中部干旱带的精华,石头缝长出的西瓜珍品",已经形成品牌优势,十分畅销,在中卫农民脱贫致富方面起到举足轻重的作用。宁夏枸杞不仅热销全国,而且还出口到全球 40 多个国家和地区。在宁夏枸杞核心产区的规模乡镇及专业村,农民来自枸杞的收入占到总收入的 60% 以上。火红的枸杞、绿色的硒砂瓜使中卫同时向世人亮出了红绿两张"名片",成功展示

宁夏中卫市土壤 pH

地点	pH
海原县	8.59±0.20
沙坡头区	8.60±0.44
中宁县	8.54±0.31

了在政府指导下劳动人民利用科学技术克服恶劣自然条件的生产智慧。

宁夏中卫市 2018 年硒砂瓜和枸杞产业情况

种类	种植面积(万亩)	总产量(万吨)	销售收入(亿元)
硒砂瓜	87.9	136	18
枸杞	35.9	7.2642(干果+鲜果)	29.98

11.1 砂田栽培

砂田起源于甘肃兰州,是劳动人民长期与干旱斗争,在不毛之地创造的干旱、半干旱地区独特的、传统的抗旱耕作形式,适应干旱少雨及盐碱的地质地貌特征及农业资源与农业生产特点。与大田相比,砂田具有一定的优势:① 砂田具有蓄水保墒作用。砂田水分的渗入深度较土田深,覆砂石能够有效减少土壤蒸发量,具有良好的保水稳水性能。② 增温保温作用。砂田栽培能增加土壤温度,昼夜平均增温幅度为 2~3 ℃,日高温时间比土田滞后,且日变幅比土田小,改善了土壤的热状况。③ 减缓土壤盐碱的作用。沙田可使 10 cm 处含盐量降低 0.015%~0.193%,铺砂后土壤含盐量逐年降低,砂田脱盐率达 50.52%~81.20%。④ 抑止杂草滋生,减轻病虫危害。另外,砂田栽培作物出苗早,生育期缩短,产量和品质较高。在作物生理方面,砂田系作物根系发达、叶面积增大、光合强度和蒸腾能力强。同时砂田因病虫害少、农药使用少,而成为生产无公害产品的特殊基地。随农业用水的不断紧缺,近年来砂田有不断壮大发展的趋势。

宁夏中卫,由于经常发生土壤干旱的情况,再加土地瘠薄,如果不采用砂田栽培,就无法正常栽培农作物或产量很低。近年来在宁夏中卫环香山地区,砂田作为当地农业的支柱项目得到迅速发展。由于宁夏中卫砂田栽培表层覆盖的砂砾中富含硒元素等有益元素,经过风化淋溶被瓜类作物根系吸收,能明显提高果实中有益元素的含量,有利于发挥果实的功能性保健作用,增强农产品营养价值。

宁夏中卫市砂田栽培图

11.2　中卫市硒砂瓜

硒砂瓜主产于宁夏中部干旱地区砂田,是富含营养元素的天然绿色食品。其生产过程采用砂田栽培种植方式,用砂石覆盖土壤表层以蓄水保墒、提高土温,克服宁夏中部干旱地作物栽培缺水、地表蒸腾大的问题,并生产出高品质瓜果。硒砂瓜是结合当地恶劣自然气候条件和瓜类作物特点而创造出的特色品种。

11.2.1　中卫硒砂瓜简介

硒砂瓜是葫芦科一年生草本蔓生耐旱性作物,根系发达,叶片状掌深裂,密生茸毛,覆盖蜡粉。硒砂瓜又是需水量较多的作物,植株生长快,生育期比较短,茎叶茂盛,果实硕大且含水量一般在94%以上。果肉中含有葡萄糖、果糖、蔗糖等,汁甜、味美、凉爽可口。与土田相比,硒砂瓜总糖含量高出 0.8%～1.5%;维生素 C 含量高出 1.4 mg/100 g,还含有胡萝卜素、维生素、18 种氨基酸和硒、钙、钾等微量元素。与新疆产区西瓜相比,中卫硒砂瓜富含更高有利于健康的微量元素含量。

　　中卫地处腾格里沙漠的边缘地带,干旱少雨,日照充足,昼夜温差大,降雨量少,蒸发量大,气候特点有利于优质西瓜的生产。政府根据本地的气候及种植条件,采用"压砂种瓜"这一节水保墒的旱作农业种植模式,在干旱的山坡地表面,覆盖一层 10～15 cm 厚的砂砾,砂石层的蓄水、保墒、增加昼夜温差等作用,可以提高西瓜品质。随着砂砾石的逐步风化,为土壤提供丰富的微量元素,生产出的西瓜个大、瓤红、汁多、果肉鲜甜,富含硒、铁、锌等对人体健康有益的微量元素,具有延年益寿、抗衰老、抗癌等作用。种植硒砂瓜基本不施肥或者仅施用一些有机肥。另外在中卫市硒砂瓜产区由于具有干旱的生态条件,种植硒砂瓜很少发生病虫害,农户种瓜基本不打农药,更令压砂抗旱法种植的硒砂瓜,以其品质好、无污染而倍受客商和消费者青睐。

宁夏中卫市环香山地区硒砂瓜田

11.2.2　中卫市硒砂瓜产业概况

硒砂瓜种植区域多位于中卫市中部干旱带环香山地区,平均海拔 1 600 米左右。选取山间平整荒地或坡度较缓的向阳坡地,将原荒地进行深翻平整后再铺上一层 15～20 cm 的砂石层,再种植西瓜,砂石层中丰富的矿物质随雨水渗透到土壤中,增加了西瓜中矿物质元素的含量。砂石层起到保水保墒作用,同时减少土壤蒸发量,有助于控制土壤深层盐分随土壤毛细管积累到表层土壤。

2018 年,全市硒砂瓜种植面积 87.9 万亩,建设万亩富硒小产区 6 个,硒砂瓜总产量达 136 万吨,实现销售收入 18 亿元。主产区人均来自硒砂瓜产业的收入近万元,惠及全市干旱山区 141 个村 28 万人。蓬勃发展的硒砂瓜产业有效带动了全市餐饮、住宿、物流、务工等服务业的快速发展,产业总产值超过 25 亿元。2019 年,市委市政府将硒砂瓜产业作为"一带两廊"建设和实施乡村振兴的核心产业,提出发展富硒产业,打造"中国塞上硒谷"的发展目标,出台了《中卫市富硒产业发展推进方案》《中卫市硒砂瓜产业持续健康发展指导意见》和《中卫市现代农业扶持政策》,统筹建设西线供水工程、农产品质量追溯体系、特色小镇、县(区)农产品加工物流园区融合发展等一批重点项目,为硒砂瓜品质品牌保护提升创造了有利条件。

11.3　中卫市枸杞

压砂地枸杞生产已成为中卫市香山地区农民脱贫致富的支柱产业。枸杞是一种耐盐碱植物,种植基地多位于中宁县黄灌区、清水河流域和中部山区原荒山戈壁滩新开垦区域,土壤偏碱性(pH≥8.5)。枸杞种植由于大量漫灌和化肥的大量使用(枸杞属于大水大肥作物,每年化肥投入量每亩约 200 kg),导致土壤盐碱化逐年加剧。现有解决方案是通过推广滴灌灌溉和水肥一体化措施防止土壤进一步恶化。

11.3.1　中卫枸杞简介

宁夏枸杞为茄科多年生落叶灌木,其干燥成熟果实枸杞子为我国传统名贵中药材,具有滋补肝肾、益精明目的作用。医学界对枸杞的需求量很大,在中药研究领域中枸杞也占据举足轻重的地位,也是一直备受青睐的滋补保健品。枸杞植株成长需要调节土壤中盐碱成分,土壤条件和气候状况(土壤类型、温度、日照时数、海拔、降水量)影响枸杞产量和品质。由于香山压砂地病虫害少,土壤浇灌水无污染,生产的枸杞粒大色鲜且接近于绿色食品标准,很受市场欢迎。特别是,中宁枸杞成为最受欢迎的原产地品牌。

宁夏中卫市砂田栽培枸杞

11.3.2 中卫市枸杞产业概况

枸杞生产已成为宁夏当地农民脱贫致富的优势特色产业。截至 2018 年,全市枸杞总面积达到 35.9 万亩,其中沙坡头区 9.2 万亩、中宁县 20.5 万亩、海原县 6.2 万亩,基本形成了中宁县清水河、红柳沟等核心产区,沙坡头区兴仁、香山和海原县三河、七营、西安镇等补灌新产区的区域化生产格局。全市干果总产量 7.2 万吨,干果产值达 28.7 亿元。产品走向欧美、东南亚、日韩、中东等 40 多个国家和地区,年出口量 7 300 吨,占全国一半以上。年出售枸杞鲜果 642 吨,年销售额 1.28 亿元。枸杞产业已成为脱贫富民,推动中卫市经济发展的支柱产业。

第 12 章
其他作物在盐土上的种植范例

12.1　沿海滩涂重盐土"头年吨粮田"的成功实践

粮食安全在国家安全战略体系中具有极其重要的地位。随着我国城市化进程的加快、耕地和淡水资源的日趋减少以及人口的持续增长,我国的粮食安全面临着日益严峻的形势。提高粮食产量,保障粮食安全已成为关系国计民生、经济全局和社会稳定的重要的国家工程。提高粮食产量有两种方式,一是提高农作物单位产量,二是增加种植农作物土地面积。我国拥有近 200 万公顷沿海滩涂和 4 000 万公顷盐碱荒地,若能高效快捷安全地利用好这一资源,我国的可种植农作物土地面积将极大增加,对于提高我国粮食产量、保障我国粮食安全具有重大意义。2018 年 9 月 25 日习近平总书记在黑龙江省考察时说:"中国人要把饭碗端在自己手里,而且要装自己的粮食。"

盐城师范学院江苏省盐土生物资源研究重点实验室和江苏滩涂生物农业协同创新中心,因地制宜,通过不懈地努力,在盐城滩涂不仅找到了"新的饭碗",而且还在碗里装进了自己的粮食。利用沿海盐碱荒地发展盐土农业,具有"不与人争粮、不与粮争地"的特点,可以有效解决人多地少的矛盾,改善资源短缺的现状。同时,科学地发展盐土农业,引进筛选合适的适生动植物,开发多样性、安全性的深加工产品,保护自然生态环境,促进滩涂资源的循环利用,使得沿海滩涂的生态系统在更高的起点上得以重建,对确保滩涂资源与环境的升级增值具有重要意义。

盐碱土的形成是多种因素作用下的一个复杂过程,受地形、气候、生物因素、地下水位、河流、海水和人为活动等因素的影响。中国盐碱地面积大、分布范围广、类型多样、盐碱化程度不一,这就决定了盐碱地改良应综合考虑盐碱地类型、成因、种植品种、水文等各种自然条件，以及盐碱地所在的社会经济条件等实际情况，因地制宜，有针对性地开发利用，制定各自符合自身特点的利用改良方案。

盐城市滩涂开发的历史悠久，从北宋时期就有修筑海堤来进行围海造陆式的开发，发展滩涂农业，以粮棉种植和水产养殖为主。新中国成立后，大力开展了农林牧渔盐的综合农业发展模式，逐步从传统的、单一的开发经营模式向多层次的、现代的开发经营模式转变，并逐步成为盐城经济发展的重要支撑。

围垦历来是开发沿海滩涂等盐碱地的第一步，当然目前的滩涂农业在大多数情况下，仍然需要围垦，如果没有堤坝匡围，任何形式的盐土种养殖业都会随时受到潮汐、洋流、风暴潮等环境因素的影响和破坏。其次如何利用好已经围好的盐碱地，宏观上看一般有两种做法，第一，以淡水养殖为主，通过水产养殖，引淡洗盐，逐步降低土壤含盐量，然后进行粮棉生产。这一方法脱盐周期长，投入成本高。第二，实行海水灌溉农业，它的显著特点是土地利用周期短，但是海水灌溉需要高效的盐生植物资源，目前世界上盐生植物种类约 2 000～3 000 种，已经鉴定了 1 500 种左右，包括草生植物、灌木和树木，在沿海滩涂到内陆盐化沙漠地带之间都有分布。目前，我国已经发现的盐生植物有 424 种，占世界盐生植物种类的四分之一，其中海蓬子、碱蓬是已经查明的可以直接用海水灌溉的耐盐种质资源。但是盐碱地耐盐作物市场容量小且价格不稳定。我国几千年形成的饮食习惯短期内难以改变，盐土作物（如海蓬子、碱蓬）进入千家万户需要一个循序渐进的过程（张春银、刘勇、陈丽，2016；周西宁、张春银，2005）。另外，盐土农业用咸水对作物进行灌溉，所收获的作物含盐量高，口感相对较差，使可食用的耐盐作物的销售渠道非常狭窄。由于市场需求的不稳定性，食用耐盐植物的价格波动较大，这直接影响了农民进行耐盐作物生产的积极性，不利于盐土农业的稳定发展。

江苏省盐土生物资源研究重点实验室根据盐城滩涂的具体实际，通过不断的努力，成功地探索出了一条重盐土快速改良利用的"第三路径"，它不仅兼有海水农业利用快捷的特点，而且具备了普通盐碱地脱盐改良后高产高效的特点，在盐城沿海滩涂上实现了边利用、边改良且高效高产的有机统一。通过"第三路径"目前已经成功地实现了滩涂重盐土"头年吨良田"的目标。"第三路径"的探索过程分为两个阶段：第一，在盐城废弃盐田上的小面积试验；第二，在盐城条子泥垦区进行大面积推广示范。

12.1.1　废弃盐田上的小面积试验

2016—2017 年度江苏省盐土生物资源研究重点实验室在江苏顺泰农场废弃盐田进行了小面积"滨海重盐土头年吨粮田技术创新与集成"试验,整个试验都是在顺泰农场的试验基地 5 号田完成的,该试验田原为射阳盐场盐垛堆集区,2016 年 5 月份测定,0～20 cm 土壤平均含盐量为 0.89%,最高达 4.35%。

首先进行水稻种植试验,课题组成员在茆训东教授的带领下,克服重重困难,率先在水稻种植上取得了成功。6 月 8 日用机插秧的方法种植淮稻 5 号,经过近 5 个月的协同攻关,头年重盐土上种植的水稻也长势喜人。2016 年 11 月 3 日,由我国著名农学家张洪程院士和盖钧镒院士为主任委员和副主任委员组成的测产验收专家委员会,在稻作现场进行了测产验收,专家现场测定,水稻亩产为 656.9 千克。

接下来的便是在同一块土地上,进行小麦种植的试验,2016 年秋播品种为宁麦 13,11 月 20 日人工播种。2017 年 6 月 5 日,由江苏省盐城市科技局组织的滨海重盐土改良"头年吨良田"小麦测产验收鉴定会在盐城师范学院召开。测产验收鉴定会由著名农学专家张洪程院士、严少华研究员等组成,专家组对盐城师范学院江苏省江苏滩涂生物农业协同创新中心、盐土生物资源研究重点实验室、江苏省农业科学院盐土农业中心、江苏银宝控股集团等单位承担的滨海重度盐土快速改良"头年吨粮田"试验田小麦现场进行实产验收。采用雷沃谷神收割机收割,实收面积为 0.965 亩,采用现场过磅称取鲜重 545 千克,平均含水量 11.53%,扣除杂质 1%,增加收割损失率 3%,按国家标准含水量(12.5%)折算,折合亩产 586.61 千克。这样重盐碱地年产粮食亩产达 1 243 千克。滨海重度盐碱地,头年种出吨粮田,这是我国重盐土快速改良的新纪录。已超额完成了"滨海重度盐土头年吨粮田"的课题任务。为此 2017 年 6 月 28 日在《中国科学报》以"滨海重度盐碱地一年种出吨良田"为题做了专门报道。

12.1.2　盐城条子泥垦区进行大面积推广示范

在前期小面积重盐土滩涂土地上取得"头年吨良田"成功的基础上,2018 年起研究团队在东台条子泥垦区进行大面积种植推广试验。条子泥垦区是江苏省沿海开发上升为国家战略后进行匡围的省重点围垦工程,被誉为"江苏第一围"匡围工程,是标准的海滨滩涂新生土地,这次大面积种植地块条位于东台条北 2～4 区,最重田块的盐分为 30‰以上,面积为 7 230 亩,2018 年初开垦种植水稻,是这块土地的种植的"处女秀"。

　　条子泥滩涂为粉砂质重盐土,干的时候像面粉,湿的时候像淀粉,土壤结构差、肥力低、土质易板结。研究团队以快速高效脱盐、深耕、勤灌、多旋来"改土",用良种、密植、足肥促丰产,一系列综合配套措施让滩涂第一年种植的水稻就取得丰收。从当年4月1日开始土壤改良作业,用不到两个月的时间就使耕作层含盐量总体降至3‰以下,实现了快速改良。5月20日播种淮稻5号,将"头年吨良田"技术在条子泥进行实践,同年10月所种水稻丰收在望。2018年10月7日到8日由我国著名的农学家,曾担任江苏省副省长、省人大常委会副主任的水稻栽培专家凌启鸿教授担任测产专家委员会主任委员,开始对条子泥水稻进行测产验收。盐城市农科院水稻室的技术人员,对头年种植地块进行第三方理论测产,理论亩产523.3千克,其中408号田理论单产高达737.5千克,达到每公顷10.5吨的"超高产"指标。测产组成员逐田核验,一致确认了理论亩产为523.3千克。专家对条子泥垦区头年种植出平均亩产超千斤的水稻赞叹不已,测产专家委员会副主任委员江苏省农委原副主任、省种业协会会长张坚勇教授一直关注条子泥"头年吨良田"大面积的试验推广,在水稻测产现场他评价说:"沧海变桑田是个自然过程,往往要几十年、上百年,甚至上千年。但是在技术人员的努力下,一年盐碱地变良田,实属难能可贵,这就是科技的力量。"

水稻大面积种植，取得了较为理想的产量，但是真正的考验还在后面，因为要达到头年吨良田的效果，关键还要看小麦的产量能不能达到预期目标。2018年秋播小麦品种为华麦 5 号，10 月 28 日采用卫星导航一体化机械播种。收获前测定产量结构为：每亩穗数 33.0 万，每穗粒数 39.5 粒，预估千粒重 43 克。为了充分检验"头年吨良田"技术的可行性，2019 年 6 月 2 日，由省人大、省农业农村厅、南京农业大学、扬州大学、盐城市农业农村局等单位科技人员组成的测产专家委员会，对条子泥新围垦沿海滩涂重盐土头年吨粮田集成示范与推广地域进行 101.3 亩的大面积现场小麦实产验收。最终测得小麦产量为亩产 521.52 千克。在新垦盐土上第一年实现大面积高产田块稻麦两季亩产超过 1 000 千克（1 044.8），尤其实现大面积小麦亩产超千斤，已达到了高产农田的生产水平，充分说明海涂盐土快速脱盐控盐与培肥等关键技术和高产综合栽培技术取得了重大突破，这对于提高盐碱地资源的利用率和产出率、缩短达产达效时间、保障粮食安全具有十分重要的意义。创造了新垦盐碱地第一年大面积水稻和小麦单产新纪录。

条子泥新围垦沿海滩涂重盐土头年吨粮田千亩技术集成示范与推广
百亩高产创建小麦测产验收报告

2019 年 6 月 2 日，应盐城师范学院江苏滩涂生物农业协同创新中心、盐城师范学院江苏省盐土生物资源研究重点实验室和南京北盛荣能源科技有限公司共同邀请，由省人大、省农业农村厅、南京农业大学、扬州大学、盐城市农业农村局等单位科技人员组成的专家委员会对"条子泥新围垦沿海滩涂重盐土头年吨粮田千亩技术集成示范与推广"基地的现行进行现场小麦实产验收并形成如下报告。

（一）项目实施及基地相关情况

专家委员会认真考察了试验基地小麦生长情况，听取了项目首席专家邵训东研究员关于重盐土头年小麦高产栽培技术创新与集成情况汇报。百亩小麦高产创建位于东台市条子泥垦区条北 409、410 号田。条北区为新围垦沿海滩涂，此前 0~20cm 土壤含盐 6.8~26.6%，是典型的滨海重度盐土。2018 年 3 月 27 日开始在条北新垦滩涂 2~4 区总面积 7230 亩重盐土进行改良，至 5 月下旬土壤盐分含量已降至 3%以下，随后种植水稻 4426 亩，平均实收亩产 466.1 公斤，在水稻成熟期，经专家组现场考察和实产验收，稻田亩产 668.5 公斤。2018 年秋播前土壤盐分含量进一步下降至 2%左右，选用华麦 5 号小麦品种，于 10 月 28 日采用卫星导航一体化机械播种。收获前测定产量结构为：每亩穗数 33.0 万，每穗粒数 39.5 粒，预估千粒重 43 克。

（二）实产验收方法与步骤

专家委员会对指定的两块田，参照《全国粮食高产创建测产验收办法（试行）》（农办农〔2008〕82 号）进行实产验收。

1、清仓检查后机械收割。 收割前由专家组对约翰迪尔 C230 型联合收割机进行了清仓，并检查驾驶座椅等部位，待收割机空转一段时间后，直至确认空仓，再开始收割。

2、丈量田块。 用标准皮尺丈量田块四周边长，根据田块形状，以待测田块麦根为界向外延伸一个行距测算两块田的收获面积分布为 50.7 和 50.6 亩，合计 101.3 亩。

3、过磅称重。 专家组专人监督将收获籽粒运至指定地点，校准衡器并负责称重，记录每次称重数量与件数，累计两块田全部毛重（G1=116900 公斤），根据载载核准全部装载物重量（G2=61100 公斤）。

4、测定籽粒含水率。 过磅称重过程中，现场用谷物水分测定仪测定鲜籽粒

含水率，每块田抽样检测 10 个（每车不少于 2 个），其中 409 号田平均水分为 17.93%，410 号田平均水分为 17.33%。

5、 根据专家委员会多年测产经验，一般情况下，若未现机械故障、湿度大、成熟度异常等原因造成损失、杂质偏高等情况，田间收获损失（G3）与杂质基本相当，可予以抵消。故本次测产未测定田间收获损失及杂质。

（三）测产结果与专家意见

以国标种子含水率 13%折算毛实产。计算公式为：实收亩产（公斤）={（G1-G2）÷收获面积×（1-杂质率）+G3}×（1-籽粒净含水率）÷（1-13%）=（G1-G2）÷收获面积×（1-籽粒含水率）÷（1-13%），折算成标准含水率每亩净产为 521.52 公斤。

条北新垦海涂盐土千亩稻麦高速高产技术集成示范基地小麦实产验收表

田块号	收获面积（亩）	鲜籽粒毛重 G1（公斤）	运粮车量 G2（公斤）	鲜籽粒净重（公斤）	平均含水率（%）	折算亩产（公斤）
409	50.7	58340	30140	28200	17.93	524.69
410	50.6	58560	30960	27600	17.33	518.31
合计/加权平均	101.3	116900	61100	55800	17.63	521.52

专家委员会认为，项目单位的盐土改良实践与成效表明，在新垦盐土第一年实现大面积高产田块稻麦两季亩产超过 1000 公斤，特别是实现大面积小麦亩产超千斤，已达到了高产农田的生产水平，在海涂盐土快速脱盐控盐与培肥等关键技术和高产综合栽培技术取得了重大突破，对于提高盐碱地资源的利用率和产出率、缩短达产达效时间，保障粮食安全有重要意义。创造了新垦盐碱地第一年大面积水稻和小麦单产新纪录。

希望项目实施单位进一步深化盐土改良理论研究，注重实践经验的总结提高。建议政府和相关部门将此项技术创新列为重点支持课题，抓好加快推广普及工作。

验收委员会主任签名：凌启鸿

副主任签名：王绍华
　　　　　　　戴其根

2019 年 6 月 2 日

2019 年 6 月条子泥小麦测产报告

中国科学报

CHINA SCIENCE DAILY

主办：中国科学院 中国工程院 国家自然科学基金委员会 中国科学技术协会

总第 6822 期

2017 年 6 月 28 日 星期三 今日 8 版

| 进展

滨海重度盐碱地一年种出吨粮田

本报讯 滨海重度盐碱地，一年究竟能种出多少粮食？近日，由江苏省盐城市科技局组织的滨海重盐土改良"头年吨良田"小麦测产验收鉴定会在盐城师范学院召开。

测产验收鉴定会由著名农学专家张洪程院士、严少华研究员等组成。专家组对盐城师范学院江苏省江苏滩涂生物农业协同创新中心、盐土生物资源研究重点实验室、江苏省农业科学院院士农业中心、江苏银宝控股集团等单位承担的滨海重度盐土快速改良"头年吨粮田"试验田麦作现场进行了实产验收。

试验是在顺泰农场的试验基地 5 号田完成的，小麦实产验收也在此进行。该试验田原为射阳扬场盐堆集区，2016 年 5 月份测定，0~20 厘米土壤平均含盐量为 0.89%，最高达 4.35%。2016 年秋播品种为"宁麦 13"，11 月 20 日人工播种。采用雷沃谷神收割机收割，实收面积为 0.965 亩，采用现场过秤称取鲜重 545 公斤，平均含水量 11.53%，扣除杂质 1%，增加收割损失率 3%，按国家标准含水量(12.5%)折算，折合亩产 586.61 公斤。

也是在同一块土地上，2016 年 11 月 3 日，由我国著名农学专家张洪程院士和盐碱院士为主任委员和副主任委员组成的测产验收专家委员会，在稻作现场进行了测产验收。专家现场测定，水稻亩产最高已达 656.9 公斤。

这样重盐碱地产粮食亩产达 1243 公斤。滨海重度盐碱地，头年种出吨粮田，这是我国重盐土快速改良的新纪录，已超额完成了"滨海重盐土头年吨粮田"的课题任务。

"这片盐碱田以前只长盐蒿、芦苇、三棱草，如今变成了良田。"连续参加稻麦两季测产验收的江苏省政府参事严少华兴奋地说，"这是江苏沿海盐土改良重大突破和重要技术成果。"

科研专家通过不断创新攻关，运用深松、勤灌、多旋、良种、密植、足肥和酸化栽培、湿润栽培、覆盖栽培等多项配套技术，悉心管理，终于让重盐土变成轻盐土，试验田一年种出了千斤稻和千斤麦，连续创造了沿海滩涂重盐土改良开发新速度，稻麦产量新纪录，使盐碱地一举变成"吨粮田"。

大力推广这项新技术，将大幅增加我国盐碱地开发利用进程，缓解农业土地资源短缺矛盾，增加后备耕地资源储备，也将有利于改善滨海盐土农业生态环境，使滩涂盐碱地也能成为国家大粮仓，这对保障粮食安全具有重要战略意义。

（方舍）

2017 年 6 月 28 日《中国科学报》的报道

12.2 "苏饭豆 2 号"在沿海垦区的种植表现与栽培技术

"苏饭豆 2 号"是由江苏省盐城市滨海县绿春海水蔬菜开发有限公司等单位科技人员在盐渍黏砂性土壤中精心选育而成的优良饭豆品种，2015 年通过江苏省农作物品种鉴定。该品种具有耐盐、耐旱、耐瘠、抗逆性强、适应性广、生育期短、播种适期长等优点,并有根瘤固氮、培肥土壤的能力,其残根、落叶可丰富土壤有机质,改善土壤结构,因此,该品种是集补种、填闲和救荒于一体的优良作物。多年来,滨海县绿春海水蔬菜开发有限公司等单位科技人员在盐度低于5‰的沿海滩涂地块上进行了"苏饭豆 2 号"种植,获得了较好的经济效益。为进一步促进该品种的推广应用,现对"苏饭豆 2 号"在沿海垦区的种植表现及栽培技术介绍如下。

12.2.1　种植表现

"苏饭豆 2 号"在沿海垦区种植,出苗势强,生长稳健;三出复叶、互生,叶呈卵圆形,大小中等;株型较松散,半蔓生型;总状花序,花冠蝶形黄色;亚有限结荚习性,荚呈直葫芦形,成熟后荚为褐色;籽粒肾形微有光泽,种皮淡黄色,种脐白色,位于侧缘,商品性较好。该品种耐旱性、耐瘠性、抗病性好,抗倒性一般,成熟时落叶性中等、较易裂荚。"苏饭豆 2 号"于 2013—2014 年参加江苏省夏播鉴定试验,2 年平均全生育期 113.2 d,株高 96.62 cm,主茎 20.82 节,有效分枝 5.99 个,单株有效结荚 80.42 个,每荚 8.01 粒,百粒重 5.66 g,每 667 m^2 产量 206.42 kg,较对照增产 13.79%;2015 年参加江苏省生产试验,全生育期 125 d,株高 109.0 cm,结荚高度 36.9 cm,主茎 22.3 节,有效分枝 5.8 个,单株有效结荚 84.6 个,每荚7.5 粒,百粒重 6.5 g,每 667 m^2 产量 196.27 kg,较对照增产 13.61%。

12.2.2　栽培技术

沿海垦区多为淤泥质滩地,随着土壤水分的蒸发,盐分在土壤表层聚积成层,使种子不能正常吸水,影响种子的生长发育。因此,在沿海垦区种植"苏饭豆2 号",不仅要早耕地保墒,还要在播种时适当刮除 2~3 cm 厚的盐结层,以降低种子周围土壤的含盐量。同时,要搞好农田基础设施建设,开好田间一套沟,在50 m 宽的条田中间设灌渠、两边设排沟,田内三沟配套、沟沟通河,达到明水不积、暗水不渍。

施足基肥:每 667 m^2 可用腐熟的家禽、牲畜粪便 1 000 kg 或有机饼肥100 kg 或江苏天补有机农业科技发展有限公司生产的天补牌生物有机肥 80 kg作基肥。

适期播种:"苏饭豆 2 号"抗逆性虽较强,但以在盐度低于 5‰ 的地块上种植为好,且要适墒播种。一般 4 月下旬至 7 月上旬均可播种。肥水条件较好的地块采用夏播,更能发挥其高产特性。

合理密植："苏饭豆 2 号"种植密度为行距 50 cm、株距 20 cm,播种深度为 2.5～3.0 cm,等行种植,每 667 m² 留苗 0.53 万株左右。一般按照"肥地宜稀、薄地宜密,早播宜稀、晚播宜密"的原则。2 张初生真叶展开后进行间苗,三出复叶展开时进行定苗。

中耕抑盐："苏饭豆 2 号"出苗后要及时中耕松土,以增加土壤的通透性,抑制土壤返盐,减轻盐分对其生长的危害。一般中耕不少于 2 次,每次耕深掌握在 15 cm 左右。

科学追肥：因盐碱地土壤养分含量低,在主施有机肥的基础上,还应注意氮、磷、钾、锌肥等的搭配追施。"苏饭豆 2 号"全生育期一般每 667 m² 需追施尿素 26～30 kg、磷酸一铵 50～70 kg、硫酸钾 17～20 kg;花荚肥分 2 次追施,初花期追施第 1 次、盛花期追施第 2 次。

虫害防治：密切关注农技推广部门的虫情预测预报,及时检查"苏饭豆 2 号"田间害虫发生情况,若发现害虫则及时用药防治,以减轻虫害,确保丰产丰收。生长前期主要害虫有蚜虫和红蜘蛛,中后期主要害虫有钻心虫、豆天蛾、斜纹夜蛾等,贮存期间有豆象为害。

及时采收：采收一般在"苏饭豆 2 号"大部分豆荚变黑时进行,趁早晨潮湿时全秧收割,并及时脱粒晾晒。

12.3 "海水稻"在黄海之滨通州湾滩涂盐碱地的示范推广

据联合国教科文组织和粮农组织不完全统计,全世界盐碱地面积约 9.5 亿公顷(约 142.5 亿亩),占世界总耕地面积的 20%,我国有 2.8 亿亩盐碱地可供开发利用,其中 1.4 亿亩在 18 亿亩耕地红线以内。因此,开发和利用这些土地资源,一定程度上可缓解我国的耕地压力。江苏沿海地区滩涂资源面积据统计达 1 031 万亩,约占全国滩涂总面积的四分之一,且还以每年 2 万亩的速度自然淤长,被誉为我国东部地区最具潜力且最有开发价值的后备土地资源。

耐盐水稻种植最早由陈日胜、袁隆平等农业专家提出并试验种植,以期粮食增产增收,解决粮食问题。"海水稻"是耐盐碱水稻的通俗称谓,作为沿海滩涂和盐碱地开发利用的先锋作物,成为盐碱地修复与利用的有效措施,为解决粮食安全问题提供了新途径。江苏通过"海水稻"种植,加速盐碱地改良进程,探索出一条沿海滩涂高效利用模式,提高滩涂土地利用效率,同时改善区域生态环境,为地区建设发展提供良好的环境基础。这是耐盐水稻种植的"江苏特色"(孙庆,2018)。

12.3.1　技术创新

① 生物改良法是指在土地平整阶段施用酸性的土壤修复剂,以降低土壤pH,提高土壤有机质含量,改良后的土地天然肥沃,富氧富微量元素,使水稻中决定营养成分的干物质积累丰富,米粒饱满坚硬,洁白透明。

② 稻种选择和不断驯化、优化。选取抗涝、抗盐碱、分蘖力强、偏大穗的海水稻品种,稻种再经过去杂去劣,选择籽粒饱满、粒形整齐的种子。

③ 稻鱼鸭共生模式,增加了经济附加值,改善地块环境,保护了周边动植物的多样性。

12.3.2　种植推广

2018 年示范 40 亩土地,并进行监测试验。土壤盐度长期保持在 6‰以下,返盐率低于只进行旱作改良的地块,可见耐盐水稻种植对改良江苏滨海滩涂盐碱地效率更高,效果更显著。通过示范,可达耕地标准。江苏耐盐水稻(俗称"海水稻")在黄海之滨的滩涂盐碱地实现当年改良当年种植成功。

2019 年开展了 300 余亩推广试验,试验了 60 个品种,并与袁隆平院士团队合作实施"超优千号"杂交稻种植。在示范的基础上增加了耐盐水稻品种试验、稻鱼鸭共生模式探索。不仅增加了经济附加值,还在改善地块环境的同时,保护了周边动植物的多样性。

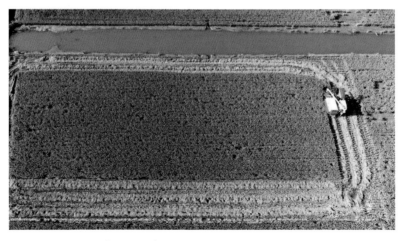

"海水稻"在江苏滩涂盐碱地的示范应用

插秧现场

病虫害自动防控系统

海水稻、鱼、鸭共生模式

人工补充有机肥

"海水稻"成熟期

"海水稻"收割期

"海水稻"在黄海之滨通州湾滩涂盐碱地的示范推广的成功经验和技术,对在国内沿海新围垦滩涂区域进行推广,具有较强的示范效益。

新华日报　星期一　2018年10月22日　　综合 5

江苏耐盐水稻培育取得新突破

实测亩产超千斤

江苏到2035年将有45座过江通道

15所高校参加食品科技创新创业大赛
大学生比拼"舌尖上"的金点子

庆丰收 享美食

2018洪泽湖国际马拉松开跑

首届中国光伏产业领跑论坛在泗洪举行

南京大学民乐团赴南美巡演

2018年10月22日《新华日报》的报道

与此同时,江苏沿海集团于2015年在盐城东台条子泥滩涂上试种"海水稻",到2017年种植面积达到4 810亩,平均亩产稻谷达433斤。"海水稻"试验基地增加到了9个,覆盖新疆、黑龙江、浙江、山东、陕西及河南等省份,规划示范种植面积近20 000亩。海水稻团队将进一步对技术体系、种植体系进行标准化制定。耐盐碱水稻大规模推广后,对于盐碱地开发利用、守住中国耕地18亿亩红线具有十分重要的战略意义。同时,我国大量的咸水资源也得以利用,可有效缓解淡水资源紧缺。这对于保障我国乃至世界粮食安全、促进农业供给侧结构性改革、缓解耕地红线压力,都将发挥重要作用。

12.3.3　专家鉴定

江苏省海洋开发研究院承担的"盐碱地快速改良技术系统集成及应用示范"

江苏省华东南工地质技术研究有限公司

检测报告

报告编号：（农分）字 2019 第 Q001 号

委托单位地址	江苏省通州湾江海联动开发示范区金海路 1 号社会管理服务中心大楼 608		
联系人	解君艳	检测类别	委托检测
委托日期	2019 年 10 月 10 日	样品性状	固体
样品名称	耐盐水稻、土壤	样品数量	2
检测项目	检测依据		主要检测仪器
有机氯农药(23 项)	土壤和沉积物 有机氯农药的测定 气相色谱-质谱法 HJ 835-2017		气相色谱-质谱（TRACE1300/TSQ8000，FS126）
半挥发性有机物	土壤和沉积物 半挥发性有机物的测定 气相色谱-质谱法　HJ 834-2017		气相色谱-质谱（TRACE1300/TSQ8000，FS126）
挥发性有机物	土壤和沉积物 挥发性有机物的测定 吹扫捕集/气相色谱法　HJ 605-2011		气相色谱-质谱（TRACE1300/ISQQD，FS191）
钠 镁 铝 钾 钙 钛 钒 铁 磷	食品安全国家标准 食品中多元素的测定 GB5009.268-2016		电感耦合等离子体发射光谱仪（2100DV，FS06）
钛 钒 铬 锰 钴 镍 铜 锌 砷 硒 锶 钼 锑 钡 汞 铅	食品安全国家标准 食品中多元素的测定 GB5009.268-2016		电感耦合等离子体质谱仪（Avio 200，FS11）
检测结果	对委托样品进行检测，提供实测数据，详见检测结果表。		
备注	检测结果中"ND"表示检测值小于检出限。		

主　检：王玲玲　顾 琳　胡 霜　张晨芳

审　核：蔡 琳

签　发：

签发人职务：常务副总经理 ☑ / 测试中心主任 □

签 发 日 期：2019 年 10 月 23 日

第 1 页　共 7 页

"海水稻米"的检测报告

项目成果荣获江苏省国土资源科技创新奖二等奖,同时该院也是国土资源部滨海盐碱地改良技术行业标准的制定者。

由南京农业大学王绍华、扬州大学农学院戴其根领衔的专家组对"海水稻"实验田进行了严格的测产:"盐稻10"品种实收产量508.2千克/亩,"盐稻12"品种实收产量600.3千克/亩,平均产量554.25千克/亩。亩产超千斤,这是江苏耐盐水稻种植亩产实测最高产量纪录,是耐盐水稻种植新的里程碑。

经权威机构检测,"海水稻米"钾、镁、铬等微量元素蛋白质、维生素B族的含量丰富,均高于普通大米,整体呈弱碱性。

12.3.4 "海水稻"品牌产品

"海水稻"在江苏黄海之滨通州湾滩涂盐碱地的成功推广应用(周莉娜,2017),形成了如下品牌产品:

① 通州湾生态米(大米)。

优选耐盐水稻口感较好的品种,进行科学配比而成,口感柔软润滑,是优质的食味大米,氨基酸组成较为完全,微量元素、维生素族含量丰富,蒸煮炒等日常烹饪食用方式均可。

② 通州湾生态米(紫香糯)。

紫香糯又称黑糯米、血糯米,属于糯米。紫香糯以其具有丰富的营养价值和药用价值而被誉为"黑珍珠"。中医理论上,有"黑入肾,肾强则青春焕发,精力充沛"之说;民间则视其为具有滋补健身和药用功效,品种稀有,又被称为"滋补米""孝心米"。一般食用方式均可,因口感细腻,更适合熬粥或制成点心食用。

③ 通州湾生态米(糙米)。

稻谷脱去外保护皮层稻壳后的颖果,口感较粗,质地紧密,煮前可以将它淘洗后用冷水浸泡过夜,或者加入10%～50%的糯米(黏米),口感更佳。糙米维生素、矿物质与膳食纤维的含量更丰富,对肥胖和胃肠功能障碍的患者有很好的疗效,能有效地调节体内新陈代谢,治疗便秘,净化血液,强化体质,被视为是一种绿色的健康食品。

第 13 章
结 语

13.1 我国盐碱地资源治理利用实践中存在的主要问题

　　尚未形成全国性的盐碱地分类治理技术体系；技术可操作与工程化程度亟待加强；对盐碱地治理的长效性和可持续性认识不足；盐碱地治理利用的技术、农田基本建设工程和产业政策间衔接不紧密；盐碱地治理利用的土地管理和激励机制不健全。

水资源利用效率低

肥料利用率低

盐碱化易反复

班块特征明显

13.2　我国盐碱地治理利用的发展方向

13.2.1　国际土壤科学的主要发展趋势

① 土壤过程与演变研究向地球临界带扩展，成为地球系统科学的组成部分。

② 新方法、新技术以及长期定位试验成为土壤科学发展的重要手段。

③ 多学科交叉综合与集成研究是提升和发展临界带土壤科学的重要方向。

④ 社会与公众需求成为土壤科学发展的推动力。

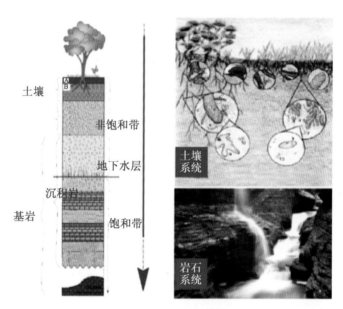

地球临界带（critical zone）概念图

13.2.2　我国土壤科学未来的研究方向

我国土壤学发展必须首先适应与面临全球能源、资源、生态、环境、农业、全球变化、自然灾害、经济危机及人类生命健康等九大问题的挑战。土壤学是一门应用基础性学科，社会的需求是土壤学发展的最大驱动力。

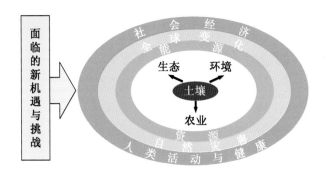

土壤发育与土壤信息

土壤资源和土壤质量演变

土壤性质与多界面过程

土壤分子生物学与蛋白组学

未来的主要研究方向

土壤利用与全球变化及生态系统

土壤养分、肥力与生产力

关键带水分-土壤-生物的耦合过程、规律与调控原理

土壤污染过程、控制修复和风险管理

13.2.3　未来我国土壤科学研发的总体思路

① 研究方向:基础研究面向科学目标;实践研究面向国家需求。

② 研究内涵:时间与空间演替;数量与质量统一;宏观与微观结合;地面与空间呼应;单科与多科交互;信息与遥感连接;自然与人为融合;源与汇的转变;点片面的分异;精准到精细的发展。

③ 研究程序:从类型-属性-过程-演替-影响-调控;贯彻全面(整体性)-关联(连续性)-可持续发展(战略性)思路;突出特性变化-利用管理-面向社会。

④ 当前学科的发展:时间与空间特性的跨度更大;数量与质量(定量与定性)的显著度更明显;宏观与微观的结合更加延伸;学科的交叉与结合更突出;资源与环境的管理、规划及修复更统一;科学研发面临的农业环境、民生健康安全任务更加紧迫。

⑤ 开发研究部分:内涵从资源-环境-经社-市场-产业化,走向科研-技

术-企业-产业,包括产-学-研-用以及科-贸-工-商相结合的方式。最后,将科研成果转化为社会生产力。

13.2.4 我国盐碱地治理利用的发展方向

① 土壤盐渍化的监测、评估、预测和预警研究。

② 田间尺度的土壤水盐运移过程及其模拟研究。

③ 植物与土壤盐分的相互作用机制与盐渍土的生物治理。

④ 土壤水盐优化调控机制与技术研究。

⑤ 盐碱障碍治理、修复与盐渍土资源利用的优化管理研究。

⑥ 土壤盐渍化的生态环境效应研究。

13.2.5 我国盐碱地资源治理利用技术研究方向

① 增强区域针对性,强化分类治理理念:研发针对不同气候带盐碱地形成过程、资源禀赋条件、盐碱障碍程度、植物水盐耐受能力等类别的盐碱区农业利用适宜种植制度、盐碱地分类与高效治理利用、生态高值利用等技术体系。

② 提升技术与产品的可操作性与推广性:针对不同区域、类型的盐碱地资源,加强治理技术的轻简化程度,提升治理利用技术与产品的可操作性与可推广性。

③ 突破盐碱地治理利用长效性难题:针对不同类型盐碱地资源治理利用技术体系,解决次生盐渍反复、资源利用效率低等难题,实现治理长效性与可持续性。

④ 建设盐碱区智慧产业平台,畅通技术推广与服务渠道:推进盐碱区的自动化预警、精准化管理、可视化操作、智能化决策与生态高值化利用等智慧产业建设,大幅提升我国盐碱区的资源利用效率和生产力水平。

⑤ 最后走我国盐碱地开发整治利用"政、产、学、研、用"与企业结合走规模经营、产业化发展的战略道路。

未来我国盐碱地治理利用工作和整个土壤学发展将面临的机遇与挑战都是严峻的,要紧紧把握国家需求,认真做好战略研究。

13.2.6 合理开发盐碱土的几点建议

① 我国滨海滩涂农业开发利用的方向应以"盐土农业"为主,必须区别一般"内地"农业。土壤的盐分含量(一般在千分之2以下)及土壤水分含量、水土平衡与动态变化,是规划发展沿海滩涂农业的关键,一定要按客观规律办,绝不能

搬"内地"农业的做法。同时过去长期的盐碱土的开发经验值得借鉴。

② 必须在滨海滩涂农业资源调查评估与利用规划的基础上,对此次课题的四个重点研究内容进行严谨的规划与布局,并须重视 9 个专题所承担的任务与四个重点研究内容的结合及单位、任务、区域间相互的联系与分工。

③ 必须针对耐盐碱、抗盐碱特性,加速新型良种选育与快速扩繁。

研发生物工程选育技术,培育优良新型种质,提高抗性、产量和品质。以发展耐盐碱植物和盐生植物新品种为主要突破方向。当前企业与公司经验值得总结与借鉴。

④ 必须重视沿海滩涂农业安全生产的土壤生态修复。

建立土壤质量监测与安全评估技术,防止土壤污染的发生,推进绿色滩涂农产品产地认证。构建滩涂土壤修复技术体系,在此基础上建立滩涂产品安全生产的技术规程与技术标准。

⑤ 必须部署高品质滩涂农业植物高产栽培。

进行特色滩涂农业种植品种的高产优质栽培,挖掘产品功能,提升滩涂农产品的营养品质,开发功能食品。制定优质滩涂农产品规模化生产的技术规程和技术标准,扩大沿海滩涂种植产业化优势,做大做强江苏盐土农业。

⑥ 必须加强滩涂农业土壤环境质量保持与定向培育。

防治滩涂土壤的污染,特别是面源污染,进行滩涂土壤的水盐调控,保障滩涂农业土地资源的可持续利用。开展滩涂农业区土壤质量定向培育,增加后备耕地资源储备,严格做好风险评估。

例如苏北地区海涂资源十分丰富,在江苏省近千千米的海岸线上,苏北沿海拥有占全国 1/4 以上的滩涂面积,是非常重要的后备土地资源。苏北海涂土壤资源的围垦开发利用历史悠久,已取得巨大的社会经济效益。目前来看,盐渍化依然是制约苏北海涂土壤开发利用的主要障碍因子,因此,开展土壤盐渍化调查与风险评价对实现该区土壤资源高效可持续利用具有重要意义。生态风险评价起源于为保护人类免受化学暴露的威胁而进行的人类健康评估和污染物对生态系统或其中某些组分产生有害影响的环境健康评价。随着风险理论的发展和生态问题日益突出,一些国内外研究者引入风险管理的理论和方法对生态系统面临的各种风险进行综合评价。一般而言,要综合评价生态系统面临的风险需要大量长期监测数据,而风险作为一种不确定性的危害,是用事件概率来描述的,只要能够确定主要风险源及其概率分布,就可以对总体风险进行评价。

姚荣江等人(2007)以苏北海涂典型围垦区金海农场为例,结合滨海滩涂地区盐渍化实际情况,选取与盐渍化密切相关的土壤和地下水性质作为评价指标,采用生态风险分析方法对区域土壤盐渍化风险状况进行定量评估与分级。结果显示研究区盐渍化风险总体较高,种植制度与耕作措施的差异导致水稻田盐渍化风险高于棉花地。整个研究区域以一般风险、较大风险为主,是改良治理的重点区域。研究选择在10月下旬进行土壤盐渍化风险评估,其原因是多方面的:首先,由于该时段正值沿海地区大麦播种,因此获得的盐渍化风险图有利于制定适宜的种植制度与苗期农田管理对策;其次,盐渍化风险图为土壤改良和后茬作物的合理布局提供了参考,如灌排、农艺、生物等改良措施的确定以及耐盐作物品种的选择。事实上,土壤盐渍化的发生及演变与土壤性质、气候条件、水文地质条件和农田管理措施密切相关,其风险评价指标体系应包括土壤理化性状、地下水性质、气候、地貌以及灌排、耕作、栽培等一系列因素,其中含盐土壤与地下水是盐渍化发生的内在因素,而气候、地貌、地下水位、土壤质地以及排灌、耕作等因素是其发生的外部因素。该研究选取剖面土壤含盐量和容重、地下水埋深与矿化度作为评价因子,已基本涵盖滨海滩涂地区盐渍化发生的内外部因素,其结果具有可信度。其中可溶性盐含量大、潜水位高是盐渍化形成的主要条件;土壤容重一定程度决定了土壤毛管水的上升作用,也影响着水分的下渗和盐分的淋洗;考虑到研究区域多年平均蒸降比1.5左右且地形较为平坦,对土壤盐渍化发生和盐分分异的影响较小,因而未作为评价指标。需说明的是,灌溉和耕作等人为农业措施亦是影响盐渍化的重要因素,由此研究区域东西部种植制度的差异对盐渍化的影响不容忽视,下一步研究工作可以考虑深入分析农田管理措施对盐渍化风险的影响。

⑦ 必须通过盐土资源肥力改造及潜力调查与评价,不断增大可利用盐土资源的数量。

如江苏省沿海滩涂总面积750.25万亩,约占全国滩涂总面积的1/4。每年净增海涂面积约1.65万亩。当前围垦总体方案是,总面积达270万亩(至2006年已围垦374万亩),其中连云港市4个垦区10万亩、盐城市9个垦区131.5万亩和南通市8个垦区128.5万亩。全省人口密度超过660人/平方千米,高居各省区之首。江苏省人均占有耕地已由1949年的2.36亩降到目前不足1亩,全省土地供需矛盾突出,通过滩涂开发可补充全省现有耕地7 200万亩的10%。

参考文献

阿图尔·博汗图瓦,希尔皮·斯利瓦斯塔瓦.藜麦生产与应用[M].北京:科学出版社,2014.

陈璐璐.黄海之滨稻花香滩涂盐碱地变粮仓[OL].(2018-12-06).http://www.js.xinhuanet.com/2018-121061c_1123812260.htm.

崔文明,张中东,赵成萍,等.新型改良剂对盐碱地土壤性质和玉米生长的影响[J].山西农业大学学报(自然科学版),2014,34(6):531-534.

代金霞,田平雅,张莹银,等.银北盐渍化土壤中6种耐盐植物根际细菌群落结构及其多样性[J].生态学报,2019(8):2705-2714.

党瑞红,王玲,高明辉,等.水分和盐分胁迫对海滨锦葵生长的效应[J].山东师范大学学报(自然科学版),2007,22(1):122-124.

党瑞红,周俊山,范海.海滨锦葵的抗盐特性[J].植物生理学通讯,2008,44(4):635-638.

董轲,许亚萍,崔冰,等.盐胁迫下不同钾素水平对海滨锦葵生长和光合作用的影响[J].植物生理学报,2015(10):1649-1657.

樊丽琴,杨建国,许兴,等.宁夏引黄灌区盐化土壤盐分特征与相关性分析[J].中国土壤与肥料,2012(6):17-23.

范舒月.不同磷素水平对盐胁迫下海滨锦葵生长的影响[D].济南:山东师范大学,2015.

高静,林莺,范海.NaCl胁迫下海滨锦葵光合作用的效应[J].山东师范大学学报(自然科学版),2009,24(4):134-137.

耿其明,闫慧慧,杨金泽,等.明沟与暗管排水工程对盐碱地开发的土壤改良效果评价[J].土壤通报,2019(3):617-624.

顾闽峰,王乃顶,王军,等.盐胁迫对不同藜麦品种发芽率及幼苗生长的影响[J].江苏农业科学,2017,45(22):77-80.

郝统,赵晋忠,杜维俊,等. 新型改良剂对碱胁迫下大豆萌发的影响[J]. 山西农业科学,2019,47(4):62-66.

吉志军,唐运平,张志扬,等. 不同基底处理下碱蓬种植对滨海盐渍土的改良与修复效应初探[J]. 南京农业大学学报,2006,29(1):138-141.

蓝颖春. 拿什么守护"危险的土壤"? 访中国科学院院士赵其国[J]. 地球,2015(10):10-13.

李玲. 不同磷素水平对盐胁迫下海滨锦葵生长的影响[D]. 济南:山东师范大学,2015.

李学垣. 土壤化学[M]. 北京:高等教育出版社,2001.

李振声. 农业科技"黄淮海战役"[M]. 长沙:湖南教育出版社,2012.

林学政,沈继红,刘克斋,等. 种植盐地碱蓬修复滨海盐渍土效果的研究[J]. 海洋科学进展,2005,23(1).

刘玉新,谢小丁. 耐盐植物对滨海盐渍土的生物改良试验研究[J]. 山东农业大学学报(自然科学版),2007,38(2):183-188.

陆效平,严长清,周生路,等. 沿海废弃盐田土地整治:理论、方法和实践[M]. 南京:江苏人民出版社,2015.

逢焕成. 西北沿黄灌区盐碱地改良与利用[M]. 北京:科学出版社,2014.

彭益全,谢橦,周峰,等. 碱蓬和三角叶滨藜幼苗生长、光合特性对不同盐度的响应[J]. 草业学报,2012,21(6):64-74.

祁通,侯振安. 滴灌条件下不同盐生植物对盐渍化土壤的脱盐效果研究[R]. 石河子:新疆农学会成立50周年庆典暨新疆现代农业研讨会,2012.

祁通,孙九胜,刘易,等. 滴灌条件下不同盐生植物对盐渍化土壤的脱盐效果研究[J]. 新疆农业科学,2011,48(12):2309-2314.

任贵兴,杨修仕,么杨,等. 中国藜麦产业现状[J]. 作物杂志,2015(5):1-5.

阮成江,金华. 气候条件对海滨锦葵(Kosteletzkyavirginica)延迟自花传粉的影响[J]. 生态学报,2007,27(6):2259-2264.

阮成江,钦佩,韩睿明. 耐盐油料植物海滨锦葵优良品系选育[J]. 作物杂志,2005(4):71-72.

邵万宽,张春银. 海蓬子——盐碱地上的减肥蔬菜[J]. 美食,2004(5):20-20.

时丕彪,李亚芳,耿安红,等. 江苏沿海地区12个藜麦品种田间综合评价及优良品种的耐渍性分析[J]. 江苏农业科学,2018,46(15):64-67.

时丕彪,李亚芳,耿安红,等.盐胁迫对藜麦种子萌发特性的影响[J].安徽农业科学,2017,45(26):29-31.

时丕彪,何冰,费月跃,等.藜麦GRF转录因子家族的鉴定及表达分析[J/OL].作物学报,(2019-09-24). http://kns.cnki.net/kcms/detail/11.1809.S.20190712.0844.002.html.

孙庆.江苏耐盐水稻培育取得新突破[N].新华日报,2018-10-22(5).

孙庆,张宣.亿亩盐碱地真的能变粮仓吗? 揭开"海水稻"的神秘面纱[N].交汇点,2018-07-31.

王胜,丁雪梅,荆瑞英,等.不同浓度生根粉对沙滩黄芩扦插生根的影响[J].黑龙江农业科学,2015a(6):52-54.

王胜,丁雪梅,时彦平,等.盐胁迫对沙滩黄芩生长及其生理特性的影响[J].山东林业科技,2015b,45(5):33-37.

王玉珍,刘永信,魏春兰,等.6种盐生植物对盐碱地土壤改良情况的研究[J].安徽农业科学,2006,34(5):951-952.

魏文杰,程知言,杨晋炜,等.滨海盐碱地耐盐水稻种植效果研究[J].中国农学通报,待刊.

徐恒刚.中国盐生植被及盐渍化生态治理[M].北京:中国农业科学技术出版社,2005.

徐明岗,张文菊,黄绍敏.中国土壤肥力演变:第2版[M].北京:中国农业科学技术出版社,2015.

闫道良,余婷,徐菊芳,等.盐胁迫对海滨锦葵生长及Na^+、K^+离子积累的影响[J].生态科学,2013,33(1):105-109.

杨坚.寻找沃土:赵其国传[M].北京:中国科学技术出版社,2015.

姚荣江,杨劲松.黄河三角洲地区土壤盐渍化特征及其剖面类型分析[J].干旱区资源与环境,2007,21(11):106-112.

易金鑫,马鸿翔,张春银,等.新型绿色海水蔬菜海蓬子的研究现状与展望[J].江苏农业科学,2010(6):15-18.

余桂红,张春银,张旭,等.耐盐蔬菜海蓬子栽培技术[J].中国蔬菜,2009,1(7):49-50.

张春银,刘勇,陈丽.海蓬子植物盐开发前景及生产加工技术[J].农技服务,2016,33(13):43-43.

张立宾,徐化凌,赵庚星.碱蓬的耐盐能力及其对滨海盐渍土的改良效果[J].土壤,2007,39(2):310-313.

张体彬,康跃虎,胡伟,等.基于主成分分析的宁夏银北地区龟裂碱土盐分特征研究[J].干旱地区农业研究,2012,30(2):39-46.

张体付,戚维聪,顾闽峰,等.藜麦 EST-SSR 的开发及通用性分析[J].作物学报,2016,42(4):492-500.

赵其国.赵其国文集:土壤科学卷(上册)[M].北京:科学出版社,2017.

赵其国.赵其国文集:土壤科学卷(下册)[M].北京:科学出版社,2017.

赵其国.赵其国文集:农业发展卷[M].北京:科学出版社,2017.

赵其国,段增强.生态高值农业:理论与实践[M].北京:科学出版社,2013.

周桂生,陆建飞,封超年,等.海滨锦葵生长发育、产量和产量构成对盐分胁迫的响应[J].中国油料作物学报,2009,31(2):202-206.

周莉娜.全省首例海水稻试种通州湾亩产预计 300 至 400 公斤[N].南通日报,2017-08-1.

周西宁,张春银.荒滩上"捡"财富[J].致富之友,2005(2):12-12.

邹桂梅,苏德荣,黄明勇,等.人工种植盐地碱蓬改良吹填土的试验研究[J].草业科学,2010,27(4):51-56.

K.墨菲,J.马坦吉翰.藜麦研究进展和可持续生产[M].北京:科学出版社,2018.

Alexander S N, Hayek L C, Weeks A. A subspecific revision of North American salt marsh mallow, Kosteletzkya pentacarpos (L.) Ledeb. (Malvaceae)[J]. Castanea, 2012, 77(1): 106-122.

Han R M, Lefèvre I, Ruan C J, et al. NaCl differently interferes with Cd and Zn toxicities in the wetland halophyte species Kosteletzkya virginica (L.) Presl. [J]. Plant Growth Regulation, 2012, 68(1): 97-109.

Li L, Shao T, Yang H, et al. The endogenous plant hormones and ratios regulate sugar and dry matter accumulation in Jerusalem artichoke in salt-soil[J]. Science of The Total Environment, 2017, 578: 40-46.

Li N, Chen M X, Gao X M, et al. Carbon sequestration and Jerusalem artichoke biomass under nitrogen applications in coastal saline zone in the northern region of Jiangsu, China[J]. Science of the Total Environment,

2016, 568: 885 – 890.

Long X, Liu L, Shao T, et al. Developing and sustainably utilize the coastal mudflat areas in China[J]. Science of the Total Environment, 2016, 569 – 570:1077 – 1086.

Long X H, Shao H B, Liu L, et al. Jerusalem artichoke: A sustainable biomass feedstock for biorefinery[J]. Renewable & Sustainable Energy Reviews, 2016, 54: 1382 – 1388.

Moser B R, Dien B S, Seliskar D M, et al. Seashore mallow (Kosteletzkya pentacarpos) as a salt-tolerant feedstock for production of biodiesel and ethanol[J]. Renewable Energy, 2013, 50(3): 833 – 839.

Shabala S. Going beyond nutrition: regulation of potassium homoeostasis as a common denominator of plant adaptive responses to environment [J]. Journal of Plant Physiology, 2014, 171(9): 670 – 687.

Shao T, Gu X, Zhu T, et al. Industrial crop Jerusalem artichoke restored coastal saline soil quality by reducing salt and increasing diversity of bacterial community[J]. Applied Soil Ecology, 2019, 138: 195 – 206.

Shao T, Li L, Wu Y, et al. Balance between salt stress and endogenous hormones influence dry matter accumulation in Jerusalem artichoke[J]. Science of The Total Environment, 2016, 568: 891 – 898.

Yang H, Hu J, Long X, et al. Salinity altered root distribution and increased diversity of bacterial communities in the rhizosphere soil of Jerusalem artichoke[J]. Sci Rep, 2016, 6(1): 20687.

Yu Q, Zhao J, Xu Z, et al. Inulin from Jerusalem artichoke tubers alleviates hyperlipidemia and increases abundance of bifidobacteria in the intestines of hyperlipidemic mice[J]. Journal of Functional Foods, 2018, 40: 187 – 196.

Zhang T, Gu M, Liu Y, et al. Development of novel InDel markers and genetic diversity in Chenopodium quinoa through whole-genome re-sequencing[J]. Bmc Genomics, 2017, 18(1): 685.